雾霾与健康100问

主编　马文领　刘玉龙
　　　程传苗　朱江波
编者（以姓氏笔画为序）
　　　马文领　朱江波
　　　刘　伟　刘玉龙
　　　肖　凯　陈新民

第二军医大学出版社
Second Military Medical University Press

内 容 简 介

我国近年来连续的雾霾事件，已成为人们热议的话题。作者结合多年从事环境卫生学工作实际，广泛收集资料，精心编撰了本书。本书以问答的形式详细叙述了雾霾的性质、成因、对人体的危害，以及我们如何预防、自我防护和合理饮食等，还阐述了国家治理环境空气污染的政策、措施和决心。告诉我们：雾霾并不可怕，只要我们转变观念、转变生产方式和生活方式，从我做起、从身边的点滴做起，建立低碳环保、绿色健康的美好家园是可期待的。

本书内容通俗易懂，知识性与实用性强，适合广大关心环境和健康问题的读者阅读。

图书在版编目(CIP)数据

雾霾与健康100问/马文领，刘玉龙，程传苗，等主编. —上海：第二军医大学出版社，2013.12
ISBN 978-7-5481-0764-4

Ⅰ. ①雾… Ⅱ. ①马… ②刘… ③程… Ⅲ. ①空气污染-影响-健康-问题解答 Ⅳ. ①X510.31-44

中国版本图书馆CIP数据核字(2013)第293222号

出 版 人 陆小新
责任编辑 高敬泉 王 勇

雾霾与健康100问
马文领 刘玉龙 程传苗 朱江波 **主编**
第二军医大学出版社出版发行
http://www.smmup.cn
上海市翔殷路800号 邮政编码：200433
发行科电话/传真：021-65493093
全国各地新华书店经销
上海华教印务有限公司印刷
开本：787×1092 1/32 印张：3.125 字数：72千字
2013年12月第1版 2013年12月第1次印刷
ISBN 978-7-5481-0764-4/X·005
定价：16.00元

前　言

近几年来,我国出现大面积持续较强的雾霾天气,直接影响到人们的身体健康和出行安全,干扰了群众生活和社会秩序,“$PM_{2.5}$”(即细颗粒物)、“AQI”(即空气质量指数)这些专业性词汇瞬间在社会上被大众所热议。

强雾霾天气会直接影响群众的身体健康、生活秩序和社会生产,这是引发群众关注的重要原因,也是造成人们心理恐慌的重要因素。在这种情况下,最重要的就是要坚持“以人为本”,迅速启动应急预案,在第一时间做出反应,及时、有效地向公众提供相关信息,以满足群众知情的需要。对此,我们具有义不容辞的责任。我们不仅要解答群众的疑问,还要主动为群众“支招儿”,提醒人们要防止吸入有害物质,将$PM_{2.5}$从实验室展现到社会公众面前,使AQI也不再是气象部门专业人员的交流语言,要让这些气象领域的专业词汇变得家喻户晓。

我们的任务是既体现人文关怀,提供最新信息,普及相关知识,又在于疏导大众情绪、消除恐慌心理,使人们学会自我预防,避免因雾霾天气导致其他不利因素(如疾病暴发、恐惧心理等)的产生。我们要让公众了解:$PM_{2.5}$会让人们不停地咳嗽,导致呼吸道疾病发生;为了不生病,人们尽量不要长时间待在室外,出门需要戴上棉质口罩,多吃清淡的食物;为了不继续增加$PM_{2.5}$,需要大家的配合与支持,部分工厂要停工,汽车出行要减少,等等。

然而,这些应急措施只是雾霾到来之时人们应当加以应对的措施，属于“表面”层次的东西。要使人们认识到，雾霾不是一阵风就可以刮跑的，它需要每个人都从自己身边点点滴滴的小事做起，要求政府有关部门对以往的经济发展模式进行反思，充分发挥舆论监督的作用。这也有助于进一步深化公众对气候变化的认知，为提倡和推动全民环保打下更加扎实的社会基础。及时传达政府的政策和举措，发出倡议，动员社会力量，鼓舞群众信心，并促使群众响应号召，将政府应对气候变化的举措自发地转化为自身应对气候变化的行动力。只有形成节约资源和保护环境的空间格局、产业结构、生产方式、生活方式，从源头上扭转生态环境恶化趋势，我们才有可能拥有天蓝、地绿、水净、风清的美好家园。给予群众以启发，使得节能减排、绿色发展和环境保护的理念深入人心，帮助人们从专业与民间两个方面来了解、治理雾霾天气的措施和方法，就是我们编写本书的目的。

本书在编写过程中参考和引用了一些资料，在此一一致谢！

本书由第二军医大学环境卫生学教研室和其他友邻单位长期从事环境卫生学教学与科研的专家共同编写。虽说我们经过了大量努力，但仍难免挂一漏万，甚至有不妥之处，望读者朋友予以斧正！

马文领　程传苗

2013年12月1日于上海

目 录

雾霾 庐山真面目

雾霾健康危害谈

雾霾天中话养生

雾霾防范共担责

雾霾 庐山真面目

1 什么是空气污染?

空气污染又称为大气污染，是指由于自然或人为原因，使一种或多种污染物扩散到大气中，超过了空气的自净能力，致使大气中污染物的浓度增高、大气质量恶化，对居民健康和生活卫生条件等造成直接或间接危害的现象。

大气污染，既可以是自然原因造成的，也可以是人为因素造成的。自然原因主要来自森林火灾、火山爆发和沙尘暴等。随着工业化进程的加速，煤炭和石油等燃料的大量开采和利用，工厂的大量建设和机动车辆的迅猛增加，使人为因素导致的空气污染问题越来越突出，并且人为和自然原因引起的空气污染可以互相影响，如沙尘暴可以引起空气污染，而人类的过度资源开发和利用可以加速沙漠化进程，加重沙尘暴的程度；而人类大量排放污染物引起酸雨可以损害森林，加速生态环境的破坏，降低生态林的风沙防护作用，同样能加重沙尘暴的程度。

2 是否只要有空气污染物排入大气都能形成空气污染?

只有某一地区,某种或某几种空气污染物的浓度超过一定标准(如国家大气质量标准)时,才称为空气污染,而不能简单地说,只要有空气污染物排入大气就可造成空气污染。空气污染物排入大气后,是否能引起局部地区,甚至更大范围的空气污染,主要与排放污染物的种类、浓度,排放持续时间,排放的高度以及和当地的风力、风向、气压等因素密切相关。只有空气污染物排入大气速度、数量和时间超过大气的自净能力时,才能引起大气污染。

此外,尽管有时大气质量预报的空气污染指数很低,空气质量为"良"或"优",但我们仍可闻到空气中有较强烈的异味,并对人类健康构成明显影响,这是否构成空气污染呢?答案是肯定的。之所以出现人类的实际感觉和预报不符,是因为目前的大气质量标准中监测的空气污染物指标只有二氧化硫(SO_2)、二氧化氮(NO_2)、可吸入颗粒物(PM_{10})、细颗粒物($PM_{2.5}$)、一氧化碳(CO)和臭氧(O_3)等有限的几种,其他的污染物并不在监测的范围或因目前技术条件有限而无法监测所致。

3 历史上严重的空气污染事件有哪些？对我国空气污染的治理有什么启示？

空气污染事件并不是我国的“专利”，是世界各国，特别是工业发达国家都曾经和正在面临的严峻问题。20世纪，特别是第二次世界大战之后，西方发达国家和日本均相继发生了严重的空气污染事件。其中，在20世纪的“十大公害”事件中，空气污染事件就占一半以上，主要有比利时马斯河谷烟雾事件（1930年）、美国洛杉矶光化学烟雾事件（1943年）、美国多诺拉烟雾事件（1948年）、英国伦敦烟雾事件（1952年）、日本四日市哮喘事件（1961年）等。

这些发达国家在经历了空气污染“公害”事件之后痛定思痛，不但制定了相应的法律和法规，还在节能减排、改善能源结构和环境治理上加大了人力和物力的投入。经过几十年的治理，这些发达国家在经济高速发展的同时，空气质量也得到了根本的改观。我国在20世纪工业发展较为落后，空气污染并没有成为一个让我国政府和公众普遍关心的社会问题。从20世纪70年代始，特别是21世纪初，随着我国工业化和城镇化进程的迅猛发展，环境污染，特别是大气污染问题日益突出。自2012年起，我国北方地区连续发生的雾霾天气，使空气污染成为民生和社会发展的一个突出问题。我们现在需要思考的是如何在发展我国经济的同时，控制和减轻空气污染的程度，逐渐改善空气质量，避免走先前发达国家“先污染后治理”的老路，减少空气污染给社会带来的阵痛和对人类健康带来的伤害。

4 空气污染物的主要来源有哪些？

目前，全世界每年约有 6 亿吨的污染物被排放到大气中，而且排放量仍在逐年增加。近年来，随着工农业生产、交通运输事业的发展以及煤炭、石油等能源利用的不断增长，各种废气排放量明显增加，大气环境受到了前所未有的挑战。

大气污染的重要来源有：

(1) 工业性污染：一方面来自燃料的燃烧，排出的空气污染物主要有烟尘、二氧化硫(SO_2)、氮氧化物(NO_x)、一氧化碳(CO)、二氧化碳(CO_2)等。另一方面，由于工业生产的性质、规模、工艺流程、原料和产品的不同，其排放的空气污染物有很大差异，如冶金工业排出的金属氧化物，化工企业排出的硫化氢、氟化氢和氨等。

(2) 生活性污染：居民取暖和做饭、炒菜用到木材、煤炭或液化石油气，在这些燃料燃烧的过程中，可以排出大量悬浮颗粒物、SO_2、CO、CO_2 等，尤其是当燃烧设备效率低下、燃烧不完全、烟囱高度较低而导致污染物扩散困难时，可造成局部大气污染。

(3) 交通性污染：主要是指飞机、汽车、火车、轮船和摩托车等交通工具排放的污染物。这些交通运输工具绝大多数使用汽油、柴油等液体燃料。这些燃料燃烧时，排出大量悬浮颗粒物、氮氧化物和烃类物质，甚至有含铅化合物。当发动机燃油不完全，特别是在堵车减速行驶过程中或空挡停车时，排出的废气更多。

5 为什么说汽车是流动的污染源？

根据对许多大城市细颗粒物（$PM_{2.5}$）的监测结果发现，机动车尾气污染已经成为$PM_{2.5}$的主要来源之一。机动车尾气污染的影响主要表现在两个方面：一是在数量上，随着居民生活水平的改善，家庭汽车拥有量越来越多，使得机动车尾气排放所产生的$PM_{2.5}$的量也越来越大。二是从$PM_{2.5}$的成分上看，汽油、柴油质量问题也越来越突出。据报道，汽车尾气含有上千种化合物，气态物质包括一氧化碳（CO）、氮氧化物（NO_x）、碳氢化合物（HC）、二氧化硫（SO_2）等。目前，从汽车尾气颗粒物及气态物质冷凝物中已分离鉴定出 300 多种多环芳烃化合物，主要成分有蒽、萘蒽、苯并(a)芘、苯并萘蒽等。

由于汽车的流动性大，所以说汽车是流动的污染源，且其污染范围与其流动路线有关。交通频繁地区的道路两侧和交通灯管制的交叉路口，污染更为严重。

6 什么是雾？

雾是指在空气中的水汽凝结而成的细微悬浮液滴，使地面的能见度下降。在气象学上，凡是大气中因悬浮的水汽凝结，能见度低于 1 km 时，这种天气现象即称为雾。

当空气容纳的水汽达到最大限度时，就达到了饱和。气温越高，空气中所能容纳的水汽也越多。如在 4℃时，1 m^3 的空气，最多能容纳的水汽量是 6. 36 g；而气温是 20℃时，1 m^3 的空气中最多可以容纳的水汽量是 17. 30 g。如果空气中所含的水汽大于一定条件下的饱和水汽量，多余的水汽就会凝结出来变成小液滴或冰晶。当大量小液滴悬浮在近地表的空气层时，就形成了雾。

在秋冬季节，由于夜晚较长，气温呈下降趋势，这样就使得近地面空气中的水汽容易在后半夜到凌晨达到饱和而凝结成小液滴，这也是为什么秋冬天早晨多雾的原因。严格来说，由于雾主要是由水蒸气凝结所形成的液体微滴，因此对人的健康影响很小。但由于浓雾时的能见度明显降低，对交通运输构成较大影响，甚至会导致高速公路和机场关闭。

7 什么是霾？

大量极细微的干尘粒等均匀地浮游在空气中，使水平能见度小于 10 km，空气普遍混浊，使远处光亮物微带黄、红色，使黑暗物微带蓝色的一种天气现象即为霾。浮游在空气中的粒子包括微小尘粒、烟粒或盐粒所形成的悬浮颗粒物和硫酸、硝酸、有机碳氢化合物等粒子。

霾可以分为3级：

（1）轻度霾：空气相对湿度≤80%，能见度>5 km且<10 km。

（2）中度霾：空气相对湿度≤80%，能见度>2 km且≤5 km。

（3）重度霾：空气相对湿度≤80%，且能见度≤2 km。

8 雾和霾如何相互影响？

雾和霾相同之处都是能见度降低。但是，雾与霾从某种角度来说是有很大差别的。比如：雾是潮湿、干净的空气，湿度达到或超过100%；而霾是空气相对干燥，空气相对湿度通常在60%以下。当风速较小、空气对流缓慢时，霾持续时间较长（有时可持续10天以上）；雾一般发生于早晨和傍晚，随着气温升高和光照加强，可以很快散去。

一般来讲，雾和霾的区别主要在于水分和颗粒物（PM）含量的不同。水分含量达到90%以上的叫雾，水分含量低于80%的叫霾，水分介于80%～90%之间时，是雾和霾的混合物。但是，雾和霾可以相互影响，有时可以相互转换。首先，形成霾的核心颗粒飘浮在空气中，当湿度增加时可吸收空气中的水蒸气而形成较大液滴，加重雾的严重程度；其次，雾可影响霾的扩散，延长飘浮时间；同时，雾所形成的小液滴还可以吸附空气中的气体污染物（如二氧化硫、氮氧化物）而加重霾的程度。雾和霾可以互为帮凶，加重空气污染的程度。当在大雾天空气中又含有大量空气污染物时，我们很难区分究竟是雾还是霾，因此统称为雾霾。所以，在有雾的条件下，由于空气流动性差，在空中颗粒物（粉尘）浓度不断增加的情况下，污染物得不到有效的稀释、消散，便形成高浓度粉尘黏附在水滴上、悬浮于空气中的现象，这就是雾霾。

9 雾霾的主要组成成分有哪些？

雾霾的组成成分非常复杂，包括数百种之多，要根据所在地区的特点进行监测和分析。对人体危害大的是化学物、有机物等可吸入颗粒物，如氮氧化物（NO_x）、二氧化硫（SO_2）、一氧化碳（CO）、粉尘、苯并（a）芘、多环芳烃等。其中含氮有机颗粒物曾经是“洛杉矶光化学烟雾”的主要成分之一。

总的来说，雾霾的化学成分可分为以下几类：

（1）氧化型有机颗粒物：主要来自燃烧，且所占比例最大，为44%。

（2）油烟型有机物：主要来自烹饪源排放和人类生活污染的飘尘气溶胶，占21%。

（3）氮富集有机物：为化工污染物，占17%。

（4）烃类有机颗粒物：主要来自机动车尾气和燃煤，占18%。

10 形成雾霾需要具备什么样的条件？

首先，形成雾霾与空气污染物特别是悬浮颗粒物排出浓度、时间、性质有关。在短时间内排出大量污染物，或连续排出较高浓度的污染物，将导致局部大气污染物浓度的提高。污染物排放增加的原因主要包括地面扬尘增加、汽车尾气排放增加、工厂排污增加和冬季取暖等。在我国北部地区，冬季供暖会产生大量空气污染物，特别是以煤炭为能源进行供暖时，悬浮颗粒物的排放量更大，再加上工厂和汽车排出的污染物，使污染物的浓度远高于空气的自净能力。

其次，是气象因素。当大气气压低、风速较小、空气不流动时，空气中的微小颗粒容易聚集、飘浮在空气中。如果垂直方向上出现逆温，使得低空的空气垂直运动受到限制，空气中悬浮颗粒物难以向高空和更大范围飘散，而被阻滞在低空和近地面区域，从而形成雾霾。秋冬季节是雾霾天气出现的主要季节。每年九月份开始，出现在我国中、东部地区的冷空气较少，且强度不大，地面风速较小，有助于水汽在大地表层积累，给雾霾天气的形成创造了有利环境条件。同时，青藏高原南边暖湿气流强度较强，从而导致来自印度洋的西南暖湿气流异常活跃，这股暖湿气流从西南方向将丰富的水汽运送到我国中、东部地区，从而引起这些地区空气湿度大，给雾霾天气的出现提供了有利条件。

为何大城市更容易形成雾霾天气?

大城市更容易形成雾霾,并且雾霾程度更为严重,究其原因有以下几方面:

(1) 污染物排放量大。随着大城市汽车保有量的急剧增加,排放污染物总量也大幅增加。

(2) 大城市人口密度过高,生活性污染严重,冬季供暖产生大量空气污染物。

(3) 大型工厂增多,工业污染物排放量大且集中。

(4) 城市大拆大建所形成的建筑扬尘,使空气污染物,特别是悬浮颗粒物浓度增高。

(5) 大城市高楼林立,导致空气的流动受限,往往产生微风或静风,使污染物的扩散速度降低,从而导致大气污染更为严重。

路边的烧烤和工地扬尘对雾霾的形成有哪些影响?

路边的烧烤、炭火熏烤、煎炸肉类等,在烹饪过程中,各种燃料在灶具中燃烧,加之孜然、胡椒、辣椒等调味品的使用,会产生氮氧化物、二氧化硫、一氧化碳、粉尘、苯并(a)芘、多环芳烃以及未完全燃烧、氧化的烃类等油烟,大量向大气中排放,这是 $PM_{2.5}$ 的主要成分之一。

工地扬尘污染约占 $PM_{2.5}$ 来源的 15.8%，主要就是建筑工地的施工扬尘和车辆运输扬尘。严重时，扬尘造成的可吸入颗粒物占到了总悬浮颗粒物总量的 40%以上。

13 近年来我国雾霾天气明显增多的原因是什么？

首先，是污染物排放的总量不断增加。①由于我国工业企业的迅猛发展，煤炭和石油的消费量大量增加，而多年来的环保欠账，导致工厂脱硫、脱硝、降尘的设施严重不足，使工业污染物的排出量迅猛增加。②由于城镇化进程的加快，人们的居住更加集中，冬季供暖和烹饪等生活来源的污染也大幅增加；机动车保有量的增加导致交通污染的增加；建筑工地产生大量扬尘。这些因素使空气污染物的排出量大大超过了空气的自净能力。

其次，是近年来有利于形成雾霾的气象条件频繁出现，主要包括雨水冲刷作用逐渐减弱和大气稳定性增加，减缓了污染物的扩散速度。

最后，由于不重视环境保护，使土地荒漠化、水土流失严重，沙尘暴频发。

14 我国雾霾较严重的区域有哪些？各个地区污染特点有什么不同？

中国北方城市的颗粒物（PM）污染重于南方城市，如北京、太原、石家庄、天津和乌鲁木齐等，南方城市相对较好，沿海城市较为清洁，但也有向南部扩大的趋势。在城市中，城区的污染重于郊区，交通要道两侧区域的污染重于城市其他区域。我国大部分地区 $PM_{2.5}$（即细颗粒物）的污染十分严重，成为 PM_{10}（即可吸入颗粒物）的主要组成部分，占 40％～80％。

北京及其周边区域污染物排放总量大，而其地理环境容易形成静风、逆温、大雾等极端不利气象条件，使各类污染物难以扩散而形成雾霾。北京市的西南部、东南部及周边地区污染水平明显高于市区及北部地区，这种大区域范围内的污染物输送与北京市区本地的污染物排放积累相叠加更加重了污染。据调查，北京市 $PM_{2.5}$ 约 60％来源于燃煤、机动车燃油、工业使用燃料等燃烧过程，23％来源于扬尘，17％来源于溶剂使用及其他。

雾霾污染最严重的地区大部分分布在工业企业较为集中的河北省，如石家庄、保定、邯郸、邢台等地。其中石家庄城区地处太行山东麓，巍峨高耸的太行山阻隔了西部的自然气流，使城市大气污染物的扩散受阻，加之人口密度大、工业废气污染，加重了雾霾的程度。

东北地区的沈阳、长春等市地处平原区，受城市小气候恶化与大气污染物排放量增加等内外因素的共同影响，可出现长时间的雾霾天气。①燃煤供暖、人口增加等致大气污染物排放量增加和寒冷气候是造成东北雾霾天气的内因。②城市小气候恶化是东北雾霾天气形成的外因。城市上空水平方向静风现象增多，不利于大气污染物向城区外围扩展稀释。在“十一五”期间，辽中南城市群地区城市化进程较快，城区面积的快速扩大，城市建筑工地不断增加，热岛效应日益严重，从而形成滞留时间更长的大气逆温层，抑制了能驱散空气污染的纵向大气对流，导致城区雾霾天气的形成。

上海地区的机动车污染较为突出。从交通流量上分析，在中、外环线上，车流量大，机动车行驶的速度快，从地面来的扬尘对近地面大气颗粒物贡献率大。在内环和中环各交叉口，车辆减速、怠速运行的时间长，燃油燃烧不充分，废气排放量增大，为大气颗粒物的直接来源。同时，受周边地区的工业污染物排放和焚烧秸杆等的影响也很大。

15 什么是空气悬浮颗粒物？如何进行分类？

颗粒物的英文为 particulate matter，缩写为 PM。空气中的悬浮颗粒物是悬浮在大气中的固体、液体颗粒状物质（气溶胶）的总称，其粒径从 0.001 μm 至 1 000 μm（1 mm）以上。根据颗粒物粒径（直径）的不同，可以将其进行分类（表 1）。

表 1　根据空气动力学直径对空气悬浮颗粒物的分类

名　称	缩　写	粒径(μm)	沉浮时间
总悬浮颗粒物	TSP	<100	数小时至数年
可吸入颗粒物	IP(PM_{10})	<10	数天至数年
粗颗粒物	$PM_{2.5\sim10}$	2.5～10	数十天
细颗粒物	$PM_{2.5}$	<2.5	数百天
超细颗粒物	UFPS($PM_{0.1}$)	<0.1	5～10 年

16 不同空气悬浮颗粒物分别能进入人体呼吸系统的什么部位?

粒径在 100 μm 以上的尘粒会很快在大气中沉降。直径大于 10 μm 的颗粒物沉降速度较快，在进入呼吸道的过程中直接被鼻毛截留而黏附于鼻前庭。粒径小于 10 μm 的颗粒物可进入呼吸道，故又称为可吸入颗粒物(IP)，其中粒径在 5～10 μm 之间的主要停留在上呼吸道(鼻、咽、喉)，它们通过咽喉部的运动很容易随痰液排出体外，因此对人体的影响有限；如果随吞咽过程进入消化道，有些成分可能被机体吸收。粒径小于 5 μm 的颗粒物可以进入呼吸道的深部，其中粒径在 2.5 μm 以下的颗粒物($PM_{2.5}$)可进入到肺的细支气管、肺泡囊和肺泡；粒径 0.01～0.1 μm 的尘粒($PM_{0.1}$)，50%以上将沉积在肺泡腔中。

颗粒物的粒径越小，沉降速度越慢，滞留在空气中的时间越长，进入呼吸道的部位越深，对人体的影响也越大。由于肺泡可直接进行气体交换，肺泡壁上有丰富的毛细血管和吞噬细胞，所以粒径在 2.5 μm 以下的颗粒物所携带的物质很容易被吸收到血液内而构成全身危害，甚至通过血-脑屏障，危及神经系统。

17 何为 PM_{10}、$PM_{2.5}$ 和 $PM_{0.1}$？

PM_{10} 是指粒径＜10 μm 的空气悬浮颗粒物，由于其可随气流进入呼吸系统，因此又称为可吸入颗粒物（IP）。

$PM_{2.5}$ 是指大气中粒径≤2.5 μm 的颗粒物，也称为细颗粒物或可入肺颗粒物。它的粒径还不到人头发丝粗细的1/20。虽然 $PM_{2.5}$ 只是大气成分中含量很少的组分，但它对空气质量和能见度等有重要的影响。与较大的大气颗粒物相比，$PM_{2.5}$ 粒径小，同等质量的表面积远大于 PM_{10}，更易吸附有毒有害的物质，且在大气中的停留时间长、输送距离远，因而对人类健康和大气环境质量的影响更大。《美国医学会杂志》发表的一项研究表明，$PM_{2.5}$ 会导致动脉斑块沉积，引发血管炎症和动脉粥样硬化，最终导致心脏病或其他心血管问题。这项始于 1982 年的研究证实，当空气中 $PM_{2.5}$ 的浓度长期高于 10 $\mu g/m^3$，就会带来死亡风险的上升。浓度每增加 10 $\mu g/m^3$，总的死亡风险会上升 4%，对心肺疾病带来的死亡风险上升 6%，对肺癌带来的死亡风险上升 8%。此外，$PM_{2.5}$ 极易吸附多环芳烃等有机污染物和重金属，使致癌、致畸、致突变的概率明显升高。

$PM_{0.1}$ 为粒径小于 0.1 μm 的悬浮颗粒物，称为超细颗粒物，如柴油发动机燃油产生的微粒直径通常在 0.1 μm 左右。由于其粒径更小，容易进入肺泡，又因其表面积更大，更容易吸附一些有毒、有害物质，如二氧化硫、氮氧化物、苯并(a)芘等，并且更容易通过肺泡被吸收入血液，因此 $PM_{0.1}$ 对人的危害作用更大。

18 $PM_{2.5}$由哪些化学物质组成？

$PM_{2.5}$的概念是在 1997 年由美国人提出，是指空气中粒径≤2.5 μm 的固体颗粒或液滴(气溶胶)的总称。$PM_{2.5}$的成分很复杂(表 2)，它本身是一种粒径很小的颗粒物，比表面积大，极易富集空气中的其他有毒、有害物质。

表 2　$PM_{2.5}$的组成及其对健康的影响

成　分	健康影响
颗粒核	刺激呼吸道，引起上皮细胞增生，使肺组织纤维化
金属(铁、铅、钒、镍、铜、铂等)	诱发炎症，引起 DNA 损伤，改变细胞膜通透性，产生活性氧自由基，引起中毒
有机物	致突变，致癌，诱发变态反应
生物来源(病毒、细菌及内毒素、动植物屑片、真菌孢子等)	引起变态反应，改变呼吸道的免疫功能，引起呼吸道传染病
离子(SO_4^{2-}、NO_3^-、NH_4^+、H^+等)	损伤呼吸道黏膜，改变金属等的溶解性
光化学物(臭氧、过氧化物、醛类)	引起下呼吸道损伤

受来源、粒径、所处气候条件等因素影响，$PM_{2.5}$的组成主要包括无机元素、水溶性矿物质、有机物和含碳组分等，其中水溶性矿物质和含碳组分是 $PM_{2.5}$的主要组分，其质量浓度之和

超过$PM_{2.5}$质量浓度的50%。水溶性矿物质的主要成分有硝酸盐、硫酸盐、铵盐;无机元素的主要成分为硫、溴、氯、砷、铯、铜、铅、锌、铝、硅、钙、磷、钾、钒、钛、铁、锰等;有机化合物的主要成分有挥发性有机物(VOC)、多环芳烃(PAH)等;还有元素碳(EC)、有机碳(OC)、微生物(如细菌、病毒、真菌)等。

大气中的气态前体污染物会通过阳光、水等进行大气化学反应,生成二次颗粒物——光化学污染物,实现由气体到粒子的相态转换。如羟自由基氧化二氧化硫(SO_2)形成三氧化硫(SO_3),后者与水反应即可形成硫酸(H_2SO_4),硫酸再与氨(NH_3)反应形成硫酸铵。

另外,$PM_{2.5}$还可以含有重金属、二氧化硅等,同时还可吸附有机物如苯、二甲苯、苯并(a)芘、二氧化硫和氮氧化物等,使$PM_{2.5}$的组成更加复杂,并且可对部分有毒、有害物质产生协同作用,增加有毒、有害物质对机体的损害。

不同来源的颗粒物,其化学组成也有所不同。因此,$PM_{2.5}$的化学组成可用来分析其来源。

19 我国$PM_{2.5}$污染的现状如何?

随着我国经济的发展,能源消耗和城市机动车数量迅速增加,颗粒物(PM)已成为我国城市大气污染的重要污染物之一。大范围较高浓度的颗粒物导致了雾霾等区域性大气污染事件频发。根据中国环境科学研究院观测数据显示,北京市雾霾天气中细颗粒物($PM_{2.5}$)质量浓度平均高达300 μg/m^3 以上,在强沙尘暴过境期间，甚至达到1 000 μg/m^3，远高于日平均 75 μg/m^3 的国家标准。近年来，$PM_{2.5}$导致的区域性大气污染问题影响范围之大，污染程度之重，在世界范围内都是少见的。我国以 $PM_{2.5}$污染为典型代表的区域性大气复合污染，已成为社会各界高度关注和亟待解决的重大环境问题。

20 我国不同地区 $PM_{2.5}$的来源是否相同?

依据统计研究，2007 年全国 $PM_{2.5}$排放总量达 1 321.2 万吨。$PM_{2.5}$污染物主要来自工业、居民生活、生物质燃烧、交通运输、发电厂的排放，分别达到 905.9、270.1、66.7、59.9、18.6 万吨。我国各地区之间 $PM_{2.5}$的产生来源受不同地区的经济发展水平、地理环境状况、能源结构、生产工艺方法以及机构管理方式等的不同而差异明显。例如：北京市 $PM_{2.5}$的主要来源为燃煤、扬尘、机动车排放、建筑尘、生物质燃烧、二次硫酸盐和硝酸盐以及有机物。宁波市 $PM_{2.5}$的来源为扬尘、煤烟尘、机动车尾气尘、二次硫酸盐、硝酸盐和挥发性有机化合物(VOC)，分别占比例为 19.9%、14.4%、15.2%、16.9%、9.78%和 8.85%。

除此之外，香烟产生的烟雾，其实是室内 $PM_{2.5}$的主要来源。总的来说，化石燃料不完全燃烧、炭燃料高温燃烧过程中产生的一次有机碳和一次有机碳发生光化学变化生成的二次有机碳、机动车尾气排放的二次转化物、燃料高温燃烧、室内装修、建筑尘、土壤层尘、钢铁尘、烟草燃烧等，均为 $PM_{2.5}$的来源。

21 何为空气的一次污染物和二次污染物？谁的危害性更大？

一次污染是指污染物由污染源直接排入环境且没有发生化学变化的污染物，如燃煤所形成的一氧化碳（CO）、二氧化碳（CO_2）、二氧化硫（SO_2）、氮氧化物（NO_x）等均属于一次污染物。

二次污染物是由汽车、工厂等污染源排入大气的碳氢化合物（HC）和氮氧化物等一次污染物，在阳光紫外线的作用下发生化学反应（即光化学反应），生成臭氧（O_3）、醛、酮、酸、过氧乙酰硝酸酯（PAN）等，后者即为二次污染物。参与光化学反应过程的一次污染物和二次污染物的混合物所形成的烟雾污染现象，称作光化学烟雾。

二次污染物危害大小因污染物的种类不同而不同，或高于或低于一次污染物，但通常比一次污染物对环境和人体的危害更为严重。如大气中的二氧化硫和水蒸气可被氧化合成硫酸，进而生成硫酸雾，其对人体的刺激作用要比二氧化硫强10倍。

22 光化学烟雾和一般雾霾有何区别？

第一，大气污染物中的氮氧化物（NO_x）和挥发性有机污染物（VOCs）在紫外光照射下发生的化学反应称为光化学反应。由光化学反应为主形成的烟雾，称为光化学烟雾，主要发生在化工工业较为集中的地区。而雾霾的来源因素，则更为复杂和多样。

第二，从物质形态看，光化学烟雾与雾霾似乎没有什么关系。光化学烟雾主要为气态化学污染物，而雾霾则是大气颗粒物。但是，光化学烟雾最终生成大量的臭氧，增加了大气的氧化性，导致大气中的二氧化硫、二氧化氮、挥发性有机化合物等被氧化，并逐渐凝结成颗粒物，从而增加了 $PM_{2.5}$ 的浓度。也就是说，光化学烟雾可能成为雾霾的来源之一。

第三，我国部分地区的污染物，同时包括以二氧化硫为主的煤烟型烟雾污染、沙尘暴、黑炭气溶胶、其他燃烧产物、挥发性有机物，以及可能出现的光化学烟雾。复杂的污染物在空中重叠，导致污染物在生成、输送、转化过程中发生了复杂化学耦合作用，产生大量二次污染物（即大气污染物之间发生反应生成新的污染物），形成典型的大气复合型污染，其主要产物就是 $PM_{2.5}$ 和臭氧。可见，光化学烟雾和雾霾在我国大气污染中常常同时存在。

第四，大气复合型污染和其他各种污染物的程度相差不大，很难找出哪一个是最重要的污染物，但是，往往污染物之间的作用是相互协同的。

第五，光化学污染多发生在干旱、光照充足的季节，而雾霾的发生不受此限制。

23 伦敦烟雾事件是怎样发生的?

英国伦敦烟雾事件是世界上有名的公害事件之一,发生于1952年12月5～8日。该事件主要是由于冬季供暖燃烧煤炭导致大量二氧化硫(SO_2)排放,再加上特殊的气象条件,使空气中SO_2浓度急剧升高所引起的。其基本过程是:12月5日高气压中心带移到了伦敦上空,风速非常微弱,大雾降低了能见度,以至使人走路都有困难;中午时分烟的气味渐渐变得强烈,烟和湿气积聚在离地面几千米的大气层里。12月6日浓雾遮住了整个天空,城市处于反气旋西端;中午时温度降到－2℃,同时相对湿度升到100%,大气能见度仅为几十米,所有飞机的飞行都取消了,只有最有经验的司机才敢驾驶汽车上路。

在空气停滞悬浮在城市上空时,工厂的锅炉、住家的壁炉及其他冒烟的炉子仍然源源不断地向空气中排放着煤炭燃烧产生的烟雾。雾滴吸收烟雾中的SO_2和氮氧化物(NO_x),再加上烟雾中存在着的大量悬浮颗粒物,从而形成了烟和雾的混合物。烟雾中所含有的SO_2具有较强的刺激作用和溶解性,当其接触到眼、鼻、喉的黏膜时,即溶解在黏膜表面的液体中形成亚硫酸,加强了其刺激作用,导致眼睛红肿、流泪,对咽喉的刺激作用则引起了咳嗽和呼吸道分泌物的增加。烟雾中的三氧化二铁(Fe_2O_3)促使SO_2氧化产生硫酸泡沫,凝结在烟尘上形成酸雾。

12月7日和8日伦敦的天气仍没有变好,烟雾浓度更高,导致年老体弱者呼吸非常困难，甚至一些年青人也感到不适，患有呼吸器官疾病的患者呼吸道症状更为明显，伦敦的大小医院人满为患，并且有许多人因此而死亡。

据事后统计，在烟雾期间（12 月 5～8 日）的 4 天时间内死亡人数较常年同期约多 4 000 人。其中，45 岁以上人群的死亡最多，约为平时的 3 倍；1 岁以下的儿童死亡数约为平时的 2 倍。事件发生的 1 周中因支气管炎、冠心病、肺结核和心脏衰竭而死亡者，分别为事件发生前 1 周同类疾病死亡人数的 9.3 倍、2.4 倍、5.5 倍和 2.8 倍。肺炎、肺癌、流感及其他呼吸道病患者死亡率均有成倍增加。

事后调查数据显示，尘粒浓度高达 4.46 μg/L，为平时的 10 倍；SO_2 浓度高达 1.34 μg/L，为平时的 6 倍。

酿成伦敦烟雾事件的主要原因是冬季取暖燃煤和工业排放的烟雾在逆温层天气下的不断积累发酵。可悲的是，10 年后，伦敦又发生了一次类似的烟雾事件，造成 1 200 人的非正常死亡。直到 20 世纪 70 年代后，伦敦市内改用煤气和电力，并把火电站迁出城外，使城市大气污染程度降低了 80%，才摘掉了“雾都”的帽子。

24 洛杉矶烟雾事件是怎么形成的？

洛杉矶位于美国西南海岸，西面临海，余三面环山，是个阳光明媚、气候温暖、风景宜人的地方。早期这里仅仅是一个牧区的小村，后因金矿、石油的开采和运河的开挖，加之得天独厚的地理位置，使人口剧增，很快成为名闻遐迩的大城市。著名的电影业中心好莱坞和美国第一个“迪士尼乐园”都建在了这里，使它很快成为了一个商业、旅游业都很发达的港口城市。洛杉矶市的空前繁荣，使纵横交错的城市高速公路上拥挤着数百万辆汽车，整个城市仿佛是一个庞大的蚁穴。于是，这个依山傍水、风光明媚的城市，变成了拥挤不堪的汽车城。

好景不长，从20世纪40年代初开始，每年从夏季至早秋的5～8月份，只要是晴朗的日子，城市上空就会出现一种弥漫天空的浅蓝色烟雾，使整座城市上空变得浑浊不清。洛杉矶在20世纪40年代就拥有250万辆汽车，每天大约消耗1 600吨汽油，排出1 000多吨碳氢化合物、300多吨氮氧化物、700多吨一氧化碳。另外，还有炼油厂、供油站等其他石油燃烧排放，这些化合物被排放到阳光明媚的洛杉矶上空。汽车尾气中的烯烃类碳氢化合物和二氧化氮被排放到大气中后，在强烈的阳光紫外线照射下，形成臭氧等二次污染物。上述种种因素综合作用，导致洛杉矶烟雾事件发生。这种烟雾使人眼睛发红、咽喉疼痛、呼吸憋闷、头昏、头痛。

25 四日市哮喘是怎么形成的？造成了哪些危害？

四日市位于日本东部海湾。1955 年这里相继兴建了十多家石油化工厂。化工厂终日排放的含二氧化硫的气体和粉尘，使昔日晴朗的天空变得污浊不堪。这样的空气使得四日市自 1961 年开始，呼吸系统疾病开始超常发生，并以哮喘病为首。据报道，患者中哮喘病占 30％，慢性支气管炎占 25％，肺气肿等占 15％。1964 年这里曾经有 3 天烟雾不散，哮喘病患者中不少人因此而死去。1967 年一些患者因不堪忍受折磨而自杀。1972 年全市哮喘病患者有 871 人，死亡 11 人。

26 雾霾对生态环境可以造成哪些影响？

雾霾天气严重地降低了空气的能见度，对地面交通安全和飞机的起降均构成安全隐患，甚至会导致一系列交通事故，造成重大的人员伤亡和财产损失。因此，每当出现雾霾天气时，高速公路和机场通常会封闭运行，这样不仅为人们的出行带来诸多不便，而且还间接地造成了大量的经济损失。

雾霾中的悬浮颗粒物特别是 $PM_{2.5}$ 可以阻碍阳光的透过性，降低地球表面的太阳辐射强度，甚至引起局部的低温效应。同时，长期的雾霾天气导致太阳辐射降低，使皮肤合成维生素 D

的能力下降，容易导致婴幼儿佝偻病的多发，给人体健康带来较大危害。雾霾还会造成空气质量下降，降低人体抵抗力，加重甚至引起各种疾病的多发。

雾霾中的光化学污染，生成大量有害、有毒的污染物，容易形成酸雨，使植物枯萎无法生长、建筑材料腐烂损坏。

27 雾霾与酸雨之间存在什么样的联系？酸雨对环境可造成哪些危害？

当雨水中的 pH 值小于 5.6 时称为酸雨。酸雨的形成是一种复杂的大气化学和大气物理过程。一般认为，酸雨是由于排放的二氧化硫（SO_2）等酸性气体进入大气后，造成局部地区中的 SO_2 富集，在水凝过程中溶解于水，形成亚硫酸[$SO_2+H_2O=H_2SO_3$]，然后经某些污染物的催化作用及氧化剂的氧化作用，生成硫酸[$2H_2SO_3+O_2=2H_2SO_4$]，随降雨落到地面，即成酸雨。

我国北方城市所形成的雾霾天气与煤炭和石油等燃料的燃烧关系密切。在这些燃料燃烧的过程中形成大量 SO_2 和氮氧化物（NO_x），它们随烟尘一起排入大气中。SO_2 在一定条件下可被氧化成三氧化硫（SO_3），是造成酸雨的主要原因。

酸雨可破坏植被、酸化土壤、酸化水域，造成水生和陆地生态失衡，另可加速岩石风化和金属腐蚀。酸雨可使农作物大幅度减产，特别是小麦，在酸雨影响下可减产 13%～34%。大豆、蔬菜也容易受酸雨危害，导致蛋白质含量和产量下降。酸雨对森林和其他植物危害也较大，常使森林和其他植物叶子枯黄、病虫害加重，最终造成大面积死亡。酸雨造成地面水的 pH 值降低后，增加了输水管管壁材料中的金属化合物的溶出量，促使水质恶化变质。同时酸雨使土壤中重金属的水溶性增加，增加了重金属进入人体的机会。酸雨对水生生物有很大危害，它使许多河、湖水质酸化，导致许多对酸敏感的水生生物种群灭绝。水体酸化还会导致水生生物的组成结构发生变化，耐酸的藻类、真菌增多，而有根植物、细菌和无脊椎动物、两栖动物减少，并导致细菌对水体和有机物残体的分解速度降低，使水质变坏。

28 何为臭氧层？其对人类有什么保护作用？

自然界中的臭氧主要存在于离地球表面 1.2 万～3.5 万米的高空中，形成了一个臭氧层，是屏蔽地球表面上生物不受紫外线侵害的保护层。它可吸收 90％的紫外线，是人类的忠诚“卫士”，对维持地球的生态环境有着无法替代的功能。氯氟烃(CFC)类化合物，如氟利昂、发泡剂，以及氮氧化物、四氯化碳等化合物均可消耗臭氧，导致臭氧空洞层，减弱了臭氧层遮挡、吸收紫外线的功能，引发和加剧眼部疾病、皮肤癌和传染性疾病等。

29 什么是温室效应？是如何产生的？

温室效应是指透射阳光的密闭空间，由于与外界缺乏热交换而形成的保温效应，也就是太阳短波辐射可以透过大气射入地面，而地面增暖后放出的长波辐射却被大气中的二氧化碳等物质所吸收，从而使大气变暖。温室效应主要是由于现代化工业社会过多燃烧煤炭、石油和天然气，放出大量的二氧化碳气体进入大气造成的。二氧化碳气体具有吸热和隔热的功能，它在大气中增多的结果是形成一种无形的玻璃罩，使太阳辐射到地球上的热量无法向外层空间发散，其结果是地球表面变热起来，故名温室效应。

温室气体中二氧化碳是数量最多的气体，占 75%，其他还有氯氟代烷（占 15%～20%）、甲烷、一氧化氮等 30 多种气体。

煤炭等化石燃料的燃烧，使大量二氧化碳等温室气体排入空气中。科学家预测，今后大气中二氧化碳每增加 1 倍，全球平均气温将上升 1.5～4.5℃，而两极地区的气温升幅要比平均值高 3 倍左右。因此，气温升高不可避免地使极地冰层部分融解，引起海平面上升。而海平面上升对人类社会的影响将是十分严重的。如果海平面升高 1 m，直接受影响的土地约有 5×10^{6} km^{2}，人口约 10 亿人，耕地约占世界耕地总量的 1/3。

30 空气污染什么地方浓度最高？什么时段密度最大？

空气污染比较严重的地方，室外有高速公路两侧、城市交通繁忙的马路两边、大公交站旁边、有红绿灯的交叉路口、建筑工地、垃圾场附近等；室内为厨房和不禁烟的餐厅。

空气污染密度最大的时段：一天中的上下班高峰期；一年中的秋、冬季供暖期。每天早晚的上下班高峰是路上汽车最多的时候，所以该时段的 $PM_{2.5}$ 浓度也最高。

雾霾健康危害谈

31 二氧化硫(SO_2)对健康的影响有哪些?

根据中国环境状况公报显示,2011 年全国 SO_2 排放总量为 2 217.9 万吨,其中工业源排放占 91%,煤炭燃烧是最主要的来源。2011 年煤炭燃烧排放的 SO_2 占 88.7%,钢铁占 6.9%,炼油占 2.8%,机动车排放占 1.7%。

SO_2 进入人呼吸道后,因其易溶于水,故大部分被阻滞在上呼吸道,在湿润的黏膜上生成具有腐蚀性的亚硫酸、硫酸和硫酸盐,使刺激作用增强。上呼吸道的平滑肌内因有末梢神经感受器,遇刺激就会产生收缩反应,使气管和支气管的管腔缩小,气道阻力增加。

SO_2 可经肺泡被吸收进入血液,对全身产生毒性作用。它能破坏酶的活力,从而明显地影响糖类及蛋白质的代谢,对肝脏亦有一定损害。动物实验证明,SO_2 慢性中毒后,机体的免疫力受到明显抑制。SO_2 浓度为 10～15 ppm 时,呼吸道纤毛运动和黏膜的分泌功能受到抑制;浓度达 20 ppm 时,引起咳嗽并刺激眼睛;浓度为 100 ppm 时,支气管和肺部将出现明显的刺激症状,使肺组织受损;浓度达 400 ppm 时,可使人产生呼吸困难。

SO_2 与悬浮颗粒物一起被吸入。悬浮颗粒物气溶胶微粒可把 SO_2 带到肺部,使毒性增加 3 ~ 4 倍。若悬浮颗粒物表面吸附金属微粒,在其催化作用下,使 SO_2 氧化为硫酸雾,其刺激作用比 SO_2 增强约 1 倍。长期生活在烟气污染的环境中,由于

SO_2 和悬浮颗粒物的联合作用，可促使肺泡壁纤维增生，如果增生范围广泛，则形成肺纤维性变，继续发展可使纤维断裂而形成肺气肿。

SO_2 还可以增强致癌物苯并(a)芘的致癌作用。据动物试验显示，在大剂量 SO_2 和苯并(a)芘的联合作用下，动物肺癌的发病率高于单个因子作用下的发病率，在短期内即可诱发肺部扁平细胞癌。

32 氮氧化物(NO_x)对健康的影响有哪些?

根据中国环境状况公报显示，2011 年，全国氮氧化物排放总量为 2 404.3 万吨，其中工业源排放占 71.9%，机动车排放占 26.5%。

氮氧化物主要有一氧化氮(NO)和二氧化氮(NO_2)，其中对人体健康危害最大的是二氧化氮，它能够破坏呼吸系统。由于氮氧化物水溶性没有二氧化硫高，所以，氮氧化物更能进入到呼吸道的深部，甚至进入肺泡。氮氧化物对眼睛和上呼吸道黏膜刺激较轻，主要侵入呼吸道深部和细支气管及肺泡。到达肺泡后，因肺泡的表面湿度增加，反应加快，使在肺泡内约可潴留 80%。氮氧化物与呼吸道黏膜的水分作用生成亚硝酸与硝酸，与呼吸道的碱性分泌物相结合生成亚硝酸盐及硝酸盐，对肺组织产生强烈的刺激和腐蚀作用，可增加肺毛细血管及肺泡壁的通透性，引起肺水肿。

33 光化学烟雾中的臭氧(O_3)对人体有何危害?

最近,我国多个城市的空气质量监测数据显示,臭氧正在逐渐替代$PM_{2.5}$成为首要空气污染物。臭氧是一种由3个氧原子组成的有草鲜味的淡蓝色气体,在4.46×10^{-9} mol/L(0.1 ppm)浓度时就具有特殊的臭味,并可达到呼吸系统的深层,刺激下呼吸道黏膜,引起化学变化。臭氧是一种强氧化剂,其化学性质极为活泼,可用于杀菌、消毒与解毒。臭氧极易溶解于水,溶在水中具有更强的杀菌能力,是氯气的600~3 000倍。空气中臭氧的含量在百万分之一以内时对人体很有益,因微量的臭氧能刺激中枢神经,加快血液循环,增加血液中的活氧量,活化细胞。但高浓度的臭氧会使人感到不舒服,甚至会伤害人体,因此必须控制臭氧的发生量。

臭氧浓度为0.625×10^{-5} mol/L(0.3 mg/m^3)时,对人眼、鼻、喉有刺激的感觉;浓度为$(6.25\sim62.5)\times10^{-5}$ mol/L(3~30 mg/m^3)时,可使人出现头疼及呼吸器官局部麻痹等;浓度为$(31.25\sim125.00)\times10^{-5}$ mol/L(15~60 mg/m^3)时,则对人体有更严重危害。另外,其毒性还和接触时间有关,例如长期接触1.784×10^{-7} mol/L(4 ppm)以下的臭氧会引起永久性心脏障碍,但接触8.92×10^{-7} mol/L(20 ppm)以下的臭氧不超过2小时,对人体则无永久性危害。因此,臭氧8小时平均容许浓度为4.46×10^{-9} mol/L(0.1 ppm)。由于臭氧的臭味很浓,浓度为

4.46×10^{-9} mol/L 时，人们就能感觉到。因此，世界上使用臭氧已有一百多年的历史，至今也没有发现一例因臭氧中毒而导致死亡的报道。

34 光化学烟雾中的 PAN 和 PBN 对人体有哪些危害?

PAN 为过氧乙酰硝酸酯的英文缩写，PBN 为过氧苯酰硝酸酯的英文缩写，两者均为光化学烟雾的主要成分。PAN 是由大气中氮氧化物和乙醛在紫外线的作用下产生的，是测定是否形成光化学烟雾的依据。PAN 是一种极强的催泪剂，其催泪作用相当于甲醛的 200 倍。PBN 为芳香族烃与臭氧或过氧化氢自由基($HO_2\cdot$)反应生成的，是同系物中毒性最强者。PAN 和 PBN 除具有黏膜刺激作用外，还能促使哮喘病患者哮喘发作，引起慢性呼吸系统疾病恶化、呼吸障碍、损害肺功能等，长期吸入能降低人体细胞的新陈代谢，加速人的衰老，并可能具有致癌作用。

35 雾霾中是否含有致癌物? 对人体有哪些危害?

雾霾的组分特别复杂。雾霾吸附不同的成分，对机体的危害作用也有所不同。城市高污染条件下发生的雾霾中含有致癌、致畸物——多环芳烃(PAH),来自煤炭、石油等化石燃料的燃烧。

PAH是指含有两个或两个以上的苯环,并以稠合形式连接的芳香烃类化合物的总称,是有机物(如石油、煤炭、木材、烟草、石油产品、烹调油等)热解和燃烧、焚烧不完全的产物。PAH是一种典型的致癌物,在肺内转化为环氧化物,导致肺上皮细胞变性,使肺癌发病率增加。空气中PAH浓度每增加0.1 $\mu g/m^3$,肺癌死亡率增加5%。另外,雾霾中可能含有铬和砷等重金属,而这些物质也具有致癌性。因此,长期吸入含有致癌物质的雾霾将会导致癌症特别是肺癌的高发。

36 雾霾对人体免疫系统有何影响?雾霾会降低机体抵抗力吗?

雾霾时高浓度的$PM_{2.5}$有明显的抑制人体外周血淋巴细胞活性和免疫毒性作用,表现为T淋巴细胞亚群含量降低,而T细胞亚群平衡的破坏,即可引起机体的免疫功能降低。其机制可能为$PM_{2.5}$通过诱导细胞内钙稳态的失衡,进而引起淋巴细胞$Ca^{2+}-Mg^{2+}-ATP$酶和$Na^{+}-K^{+}-ATP$酶活力下降,又进一步介导了细胞生理与病理功能紊乱,最终导致人外周血淋巴细胞免疫抑制效应发生。

连续的灰蒙蒙的天气,人会感到干什么都打不起精神来,心里有些闷。在这种情况下,人会变得压制、烦恼,情感降低,严重影响人的情绪,并由此降低抵抗力和免疫力。

雾霾与慢性阻塞性肺部疾病(COPD)间有什么关系?

$PM_{2.5}$被吸入肺组织,可使其表面吸附的铅、镉、镍、锰等重金属在肺泡内发生沉积。一方面可直接引起肺泡壁细胞膜损伤,导致或诱发急性呼吸系统疾病,出现咳嗽、痰液淤积,引起呼吸窘迫症、慢性支气管炎,甚至诱发哮喘、肺气肿、COPD等疾病的发生。另一方面,$PM_{2.5}$亦可透过肺泡壁毛细血管,随血液循环抵达全身各组织,引起其他脏器的积蓄,与体内的有机物质结合,并转化为毒性更强的金属有机化合物,进一步加重体内的毒性作用。且由于不同季节的大气颗粒物中的组分存在明显差异,$PM_{2.5}$对肺组织的影响存在明显的季节性差异。已有调查结果提示,冬季的肺功能损害强于夏季。

根据资料统计,在20世纪头10年,呼吸系统疾病(主要是流感、肺炎与肺结核)、肠胃道疾病与心脑血管疾病依次名列前三位死因。进入工业化社会后的20世纪50年代,心脑血管、呼吸系统疾病与早产名列前三位死因。而21世纪头10年,呼吸系统疾病再次回到死因榜首。但与100年前不同,现在的社会与科技进步,对流感、肺炎与肺结核等呼吸系统疾病已经提供了有效的治疗、干预与控制手段,但没有对吸烟与空气污染,以及由此而导致的心脑血管与呼吸系统疾病提供有效的干预与控制手段,使得近年来发病率、患病率与死亡率上升最快的就是与吸烟及空气污染关系最密切的COPD与肺癌。

38 雾霾与肺癌之间有什么关系?

根据研究显示,1956—2006 年间,我国关于“霾粒子消光系数”和“肺癌年致死率”的上升曲线大致吻合,肺癌致死率和霾粒子浓度的相关性高达 0.97。这意味着今天呼吸到的“有毒”雾霾空气,或许在 7 年之后会产生“致命危害”。由于 $PM_{2.5}$ 比表面积较大,更易于吸附和富集各种重金属污染物和有机污染物。而这些污染物,多为强力致癌物质和基因毒性诱变物质,对人体危害极大。同时由于 PM_{10} 和 $PM_{2.5}$ 能较长时间停留在空气中,易将污染物带至更远处,使污染范围扩大,因此对人体健康的影响极为严重。

39 $PM_{2.5}$对人群死亡率有什么影响?

当 $PM_{2.5}$ 年均浓度达到 35 $\mu g/m^3$,人的死亡风险比年均浓度 10 $\mu g/m^3$ 时增加 15%。一份来自联合国环境规划署的报告称,$PM_{2.5}$ 浓度上升 20 $\mu g/m^3$,中国和印度每年会有约 34 万人死亡。据统计,在欧盟国家中,$PM_{2.5}$ 导致人均寿命减少 8.6 个月。而当污染较轻时,首先对易感人群,即儿童、老人、呼吸性疾病及心血管疾病患者产生影响。随着雾霾的增加,污染也不断增加,继而影响到全体人群。

绿色和平环保组织与北京大学公共卫生学院联合发布了《危

险的呼吸——颗粒物的健康危害和经济损失评估研究》。该研究报告表明，据2010年统计数据，北京、上海、广州、西安因$PM_{2.5}$污染分别造成早死人数为2 349、2 980、1 715、726人，共计7 770人，分别占当年死亡总人数的1.9%、1.6%、2.2%、1.5%；经济损失分别为18.6亿、23.亿7、13.6亿、5.8亿元，共计61.7亿元。

40 雾霾与人类十大死亡原因有无关系？

世界卫生组织（WHO）近日公布了人类十大死因（表3），其中包括了下呼吸道感染、慢性阻塞性肺病（慢阻肺）与气管支气管肺癌三类呼吸系统疾病，占死因总数的14%，而这些均与空气污染有关。

表3　世界卫生组织2013年7月公布的人类十大死因

排名	死　因	死亡数/年	占比(%)
1	冠心病（心血管疾病）	700万	12.9
2	卒中（中风）（脑血管疾病）	620万	11.4
3	下呼吸道感染（呼吸系统疾病）	320万	5.9
4	慢性阻塞性肺病（呼吸系统疾病）	300万	5.4
5	腹泻（消化系统疾病）	190万	3.5
6	艾滋病毒/艾滋病	160万	2.9
7	气管支气管肺癌（呼吸系统疾病）	150万	2.7
8	糖尿病	140万	2.6
9	道路交通事故	130万	2.3
10	早产	120万	2.2

由于日益突出的吸烟、空气污染与老龄化问题以及一直缺乏有效的干预与控制手段，呼吸系统疾病的发病率、患病率与死亡率多年来一直逐年上升，现在已全部在死因前十位中占有一席之地。吸烟与空气污染不仅与呼吸系统疾病，而且与心脑血管疾病及早产均直接相关，是名副其实的头号杀手。

41 雾霾导致的肺部损伤，有无客观的检测方法？

呼吸道炎症的评估对于研究许多肺部疾病，包括哮喘和慢性阻塞性肺病（COPD）的发病机制非常重要。然而，由于炎症的监测十分困难，临床无法对这些疾病进行测定。临床上很难发现呼吸道炎症的存在和类型，而且可能会导致延误治疗。

现在已经发现对空气污染与吸烟导致肺部疾病最有效的评估指标，就是呼出气中的一氧化碳（eCO）与一氧化氮（eNO）测定。无创性监测有助于肺部疾病的鉴别诊断，以及对其严重性及治疗效果的评定。eCO 及 eNO 已经被确认为氧化应激与炎症反应（组织与细胞损伤）的生物标志物。其浓度的升高提示吸烟与空气污染导致的氧化应激与炎症反应程度，并可能诱发或加重心脑血管与呼吸系统原有疾病。欧美国家已经将 eCO 与 eNO 测定技术用于环境与职业健康体检筛查以及呼吸系统疾病的鉴别诊断。

一氧化氮呼气检测技术，可以预测并监测 $PM_{2.5}$ 污染物对我们健康安全短期及长期的影响与危害。该技术的原理基于

$PM_{2.5}$致病机制的临床循证结果（三个途径、一个效应）：①$PM_{2.5}$直接作用于肺部细胞，导致氧化应激与气道炎症；②直接作用于肺部受体和神经，干扰神经系统和心脏节律；③更小的微粒渗透进入血液循环，直接作用于心血管系统；④上述三个途径均表现为一个由一氧化氮浓度变化所指示的炎症效应：$PM_{2.5}$导致呼吸及循环系统产生大量的内源性一氧化氮，引起炎症反应，轻者急性发作，表现为咳嗽、咳痰与呼吸困难等，重者导致此后反复发作，表现为慢性呼吸道及心血管疾病，更严重者导致癌症、呼吸衰竭与死亡。

42 对雾霾导致的肺功能损伤有什么营养干预方案？

针对雾霾可能导致的肺损伤，营养干预方案见表4。

表4　雾霾所致肺损伤的营养干预方案

肺损伤	营养干预方案	
	营养素	每日剂量(mg)
过敏性炎症和哮喘	原花青素(OPC)	100～300
	甲硫氨酸	500
	钙	400
	维生素 B_6	200
肺功能减损	N-乙酰基半胱氨酸	1 800
	锌	15
	ω-3 脂肪酸	1 000～1 500

43 为什么说小型炼焦企业排出的烟雾对人的健康危害更大?

小型炼焦企业大部分采用"湿法熄焦"。通过熄焦湿热的水蒸气汽化后输入大气层,不断加热和加湿了周边的空气;同时,还夹杂着废水中因汽化转变为气溶胶的悬浮物和有机化合物等。这样的高温、高湿、含高气溶胶的云团在上升的过程中,不断地与周边空气发生热交换、湿交换及融合,在遇到连续静风和逆温的气象条件时,高湿、含高气溶胶的云团即积聚笼罩在近地面空中,无法扩散而诱发形成雾霾天气。尤其是在冬季,因寒冷气候,导致生化处理站微生物失去活性,对废水的处理失去效果。同时,还存在违规用未经处理的废水再回收直接熄焦。反复回收使用的废水中,大量的悬浮物和有机化合物不断地被输入大气层,不仅对环境造成极大的污染,而且更加剧了诱发形成雾霾天气的可能。

由于上述原因,导致小型炼焦企业排放到空气中的废气污染物浓度更高,成分也更复杂,特别是苯并(a)芘等致癌物含量更高,因而可导致更大的危害。

44 雾霾是否会加重吸烟的危害?

雾霾的成分有二氧化硫、氮氧化物、碳氢化合物、光化学氧化剂和铝、镉、锰、铅、钛、钒等重金属成分；烟草燃烧产生的烟雾的成分主要有尼古丁（烟碱）、烟焦油、氢氰酸、一氧化碳、丙烯醛和一氧化氮等。不同来源的污染物叠加，协同作用于机体，更加剧了污染的危害。

据检测，一支香烟燃烧后可产生 7 000 多种化学物质，其中气态物质占烟气总量的 92%，颗粒状物质占 8%。烟草制品在燃吸过程中，中心温度高达 800～900℃。由于燃烧产生干馏和氧化分解等化学作用，使烟草中各种化学成分发生了不同程度的变化，有的成分被破坏，有的又合成了新的物质。

有人在实验中发现，在 35 m^2 的室内密闭环境中，在距离吸烟者 3 m 的情况下，第二名吸烟者点燃卷烟时，$PM_{2.5}$ 的数值将从第一支烟点燃后的 400 $\mu g/m^3$ 快速上升到 800～1 200 $\mu g/m^3$，到第三名吸烟者加入时，该值会上升到2 000 $\mu g/m^3$ 及以上。又有研究发现，无论在家中还是在工作场所，长期暴露于二手烟雾中，会使不吸烟者患心脏病的风险增加 25%～30%。

雾霾对吸烟者的影响来自两个方面：

第一，实际吸烟者在室外同样要呼吸雾霾的空气。雾霾本身对人体的健康已经构成较大危害，吸烟则会进一步加重机体的伤害。

第二，雾霾可以通过门窗影响室内空气质量。如果在此环境内吸烟，则可进一步加重室内的空气污染，从而加重了室内人员（包括吸烟者和吸二手烟者）的损害。因此，尽量不要养成吸烟的习惯，特别是在雾霾天，既不要在室外吸烟，也不要在室内吸烟，以维护自己和家人的健康。

45 雾霾天气对心血管系统有哪些影响?

雾霾天气是心血管疾病患者的“健康杀手”,尤其是对有呼吸道疾病和心血管疾病的老年人。雾霾会阻碍正常的血液循环,导致心血管病,如高血压、冠心病、脑卒中,也可能诱发心绞痛、心肌梗死、心力衰竭等,还可使慢性支气管炎患者出现肺源性心脏病。

另外,浓雾天气压比较低,人会产生一种烦躁的感觉,血压自然会有所增高。

再一方面,雾天往往气温较低,一些高血压、冠心病患者从温暖的室内突然走到寒冷的室外,血管遇冷收缩,也可使血压升高,导致卒中(中风)与心肌梗死的发生。

据统计,$PM_{2.5}$与心血管疾病有明显的相关关系:$PM_{2.5}$浓度越高,心脏病患者的死亡率也越高。据最近发表在著名的《柳叶刀》杂志上的文章指出,如果吸入10 $\mu g/m^3$的$PM_{2.5}$微粒,心脏病患者的死亡率就会上升20%;$PM_{2.5}$浓度每增加10 $\mu g/m^3$,心力衰竭患者住院率或死亡率增加2.12%;PM_{10}浓度每增加10 $\mu g/m^3$,心力衰竭患者住院或死亡率增加1.63%。

46 雾霾真的会影响男性生育吗?

雾霾粉尘颗粒的主要成分是二氧化硫、氮氧化物、碳氢化合物光化学烟雾和铝、镉、锰、铅、钛、钒等重金属。

$PM_{2.5}$直接影响人体的呼吸系统，更细小的 $PM_{0.1}$ 可以通过呼吸道进入体内，再经过循环进入到生殖系统，会危害人体内的"自由基清除系统"，包括精液工厂的阴囊，使有害物质不能得到有效清除，从而影响精子的正常发育，严重时还会导致精子出现畸形、精子数量减少。此外，由于泌尿生殖系统是人体代谢最快的组织，也很脆弱，当外界吸入的颗粒进入人体血液循环时，会引起一系列泌尿生殖系统的病变，比如少精、精子畸形、前列腺增生等。因此，雾霾对男性生殖健康的危害较大。

47 雾霾对人的精神、心理有影响吗？

持续雾霾天气对人的心理和身体都有不良影响。从心理上说，严重雾霾天气遮蔽阳光，会给人造成沉闷、压抑的感受，会加剧心理抑郁的程度。此外，由于雾霾天气光线较弱及导致的低气压，会使人产生精神懒散、情绪低落的现象，还会产生烦躁、焦虑的情绪。

如果雾霾严重，将使人呼吸不畅，全身出现莫名的不适感，严重影响认知能力、判断力、行为力和思维，以及情绪的稳定性，甚至导致精神失常。

48 雾霾天气儿童会出现哪些疾病?

雾霾天气,受到伤害严重的就是儿童,常常有以下一些影响:

(1) 急性呼吸道感染:从生理结构上看,儿童呼吸道非常脆弱,婴幼儿还没有鼻毛屏障,鼻腔比成人短,弯曲度没有成人大,因而有害物质可随气流直达细支气管和肺泡。所以,儿童对不良天气更敏感。雾霾中的有害颗粒能直接进入并黏附在儿童的呼吸道和肺泡中,引起急性鼻炎和急性支气管炎等病症,如不及时治疗,很容易转为小儿肺炎。如果恰逢流感等呼吸道疾病流行期,雾霾天气将会进一步促进此类疾病的发生与传播。

(2) 加重慢性呼吸道疾病:对于患有支气管哮喘、慢性支气管炎等疾病的儿童,雾霾天气可使病情急性发作或急性加重。研究表明,$PM_{2.5}$浓度增加与呼吸道疾病患儿人数增加显著相关,$PM_{2.5}$的增加可引起儿童哮喘急诊就诊率的增加。

(3) 引发结膜炎：雾霾天气中，空气中的悬浮颗粒物附着到眼角膜上，可引起结膜炎。结膜炎通常不会影响视力，但也很难自行缓解。因此，一旦孩子出现频繁眨眼、揉眼睛、转眼珠、眼内有红血丝等症状与体征时，应及时就诊。对于一般的眼部不适，家长可采用冷敷的方法帮助孩子缓解不适症状。

(4) 使情绪不稳定：雾霾天还会影响儿童的情绪。因为整天天气都阴沉沉的，得不到太阳的照射，儿童体内的松果体会分泌出较多的松果体素，使得甲状腺素、肾上腺素的浓度相对降低，导致情绪不稳。

(5) 损害儿童的健康和发育：悬浮颗粒物中重金属对儿童产生的毒性也非常大。重金属可与血液中的血卟啉结合，会损伤肝脏。吸入过多的重金属后，会使儿童的血液黏度增大，含氧量降低，从而导致胸闷、头晕等症状。重金属中的铅对神经系统有明显的损害作用，影响儿童的神经系统和智力的发育。颗粒物上附载的铁会产生羟基自由基，对肺可产生氧化性损伤。

49 儿童铅中毒与雾霾有关吗？

有人研究发现，城市儿童铅中毒流行率达 5.16‰；在主要城市（上海、北京、沈阳等）的工业区内，儿童血铅超标与大气灰尘中的铅浓度相关系数最大，其次是土壤。

一些工矿企业如铅冶炼厂、蓄电池厂、铅制品厂（如电缆、铅板及铅合金等），在其生产过程中均可产生大量铅烟或铅尘，还有汽车尾气中亦含铅(尽管国家实行无铅汽油,但仍含有少量的铅),这些铅经由呼吸或食物进入人体,使体内铅负荷增高,可出现慢性中毒性的功能紊乱。

检测儿童铅中毒的指标有血铅和尿铅。当人体内的血铅≥2.9 μmol/L(0.6 mg/L)或尿铅≥0.58 μmol/L(0.12 mg/L),就可考虑存在铅中毒。

50 儿童铅中毒会影响智力发育吗?

儿童的呼吸道、胃肠道对铅的吸收率比较高。由于儿童的血-脑屏障发育尚不完全,导致中枢神经系统易遭受铅的危害。实验表明,铅可选择性作用于儿童脑的海马部位,损害神经细胞,导致儿童行为功能和智力障碍,主要表现为神经行为能力下降、智能障碍以及视觉和听觉的异常等。

51 长期雾霾天气会增加儿童佝偻病的发病率吗?

雾霾的出现会减弱太阳紫外线的辐射,如经常发生雾霾,区域内的儿童得不到充足的阳光,则会影响人体维生素D的合成,导致小儿佝偻病高发。因此,对于雾霾高发地区的婴幼儿群体,必须注意佝偻病的预防和治疗。

雾霾天中话养生

52 雾霾天，我们如何做好衣食住行？

(1) 衣：大雾天如果长时间待在户外，最好戴上口罩，医用N95口罩比较管用。如果是室外作业人员，还必须戴上专业性防护口罩。外出回来后，要更换外衣、外裤，并将外衣裤悬挂在衣架上，不要在室内拍打或抖落灰尘，最好不要穿着外衣裤直接坐在床上或沙发上。然后漱洗口鼻，最好用棉签蘸点自来水或生理盐水清洗鼻腔。

(2) 食：做菜时多用蒸煮，少用大火热油煎炸，减少油烟。雾霾季节，可多吃些富含维生素C的蔬菜、水果，如葡萄、猕猴桃、橘子、番茄等，以提高身体抗污染能力；也可多吃些梨以润肺。嗓子干燥、咳嗽时，可以自制润喉茶，如取石斛、百合、麦冬、大枣、冰糖，用开水泡服。

(3) 住：对付室内的$PM_{2.5}$，开窗通风是最有效的办法，但也要依据室外空气状况而定，可短时、开小窗；厨房内应使用性能良好的抽油烟机；空气较干燥时使用加湿器；定期清扫除尘；最好不吸烟；屋内多放绿色植物，如绿萝、万年青、虎皮兰等叶片较大的植物；有条件的购买空气净化器。

(4) 行：少开车，堵车或停车超过3分钟就熄火，尽量少开车窗。当天气出现轻微污染时，儿童、老年人及有心脏、呼吸系统疾病的患者应尽量减少户外活动。户外锻炼最好避开一早一晚等交通高峰期，避开交通繁忙的大马路两侧，最好选择公园、景点等空气较好的场所进行。

53 雾霾天气如何自我防护?

在雾霾天气下普通民众应做到:

(1) 老人、孩子少出门:抵抗力弱的老人、儿童以及患有呼吸系统疾病的易感人群应尽量少出门,或减少户外活动,需要外出时可戴口罩防护。

(2) 行车、走路要小心:雾霾天,光线暗淡、视野受限,开车、骑车要低速慢行。

(3) 锻炼身体有讲究:中度和重度雾霾天气易对人体呼吸、循环系统造成刺激,尤其是在早晨空气质量较差时段,人们在进行锻炼时容易发生扭伤及诱发心肌梗死、肺心病等。通常来说,若无冷空气活动和雨雪、大风等天气时,锻炼的时间最好选择上午到傍晚前的空气质量好、能见度高的时段进行,地点以树多、草多的地方为好;雾霾天气时也应适度减少运动量与运动强度。

对于个人防护来说,措施包括:

(1) 雾霾天气少开窗。雾霾天气不主张早晚开窗通风,最好等太阳出来后再开窗通风。

(2) 外出戴口罩。如果外出可以戴上口罩,可以有效防止粉尘颗粒进入体内。口罩以棉质口罩最好,因为一些人对无纺布过敏,而棉质口罩对一般人都不过敏,而且易清洗。外出归来,应立即清洗面部及裸露的肌肤。

(3) 适量补充维生素 D。冬季雾多、日照少,由于紫外线照射不足，人体内维生素D生成不足，故必要时可补充一些维生素D制剂。

（4）饮食清淡、多喝水。雾霾天的饮食宜选择清淡易消化且富含维生素的食物，多饮水，多吃新鲜蔬菜和水果，少吃刺激性食物，多吃些梨、枇杷、橙子、橘子等清肺化痰食品。

54 雾霾天气应当选择什么样的口罩？

选择口罩要买正规合格的，同时要选择与自己脸型大小匹配的型号，最大程度地贴紧皮肤。口罩取下后，要等里面干燥后，再对折收起来，以免呼吸的潮气让口罩滋生细菌。

目前市场销售的口罩类型繁多，有普通型、灭菌型、活性炭型……面对五花八门的口罩，到底应该选择什么样的口罩呢？

（1）医用口罩：这类口罩一般在药店销售，分为两种，一种是无纺布一次性医用口罩，另一种就是纱布口罩。对气候变化较为敏感的市民，可以选择佩戴一次性医用外科口罩或者12层以上纱布口罩。

（2）活性炭口罩：此种口罩是靠口罩内的活性炭进行过滤的，用几次活性炭就无效了，所以应经常更换。

（3）N95、N90口罩：N95、N90口罩都是专业的防尘口罩。普通药店一般不会有售，医院也是不会对外出售的，更不会出售给普通患者。市民需要到医药公司才可能买到，且价格较贵。由于是专业性口罩，对$PM_{2.5}$的防护效果是最好的。但普通市民佩戴N95这种专业防护型口罩需要经过培训。没有经过培训的话，佩戴 N95 反而容易造成呼吸困难。对一些患有呼吸系统疾病和心血管疾病的人来说，佩戴这种口罩，可能会产生其他的负面影响。

55 戴口罩要防哪三误区？

为了防寒保暖，冬季很多人外出都有戴口罩的习惯。佩戴时间过长、忽略杀菌消毒、重外观轻面料是冬季戴口罩的 3 个常见误区，应注意避免。

（1）长时间佩戴口罩可能不利健康。医生提醒，鼻子吸进的冷空气在进入肺部时已接近体温。人体的这种生理功能与生俱来，并能通过锻炼得到增强，使人的耐寒力明显提高。戴口罩时人为地阻止了这种本应得到锻炼的生理功能，时间一长，会使鼻腔黏膜自身抵抗能力下降，稍微受寒反而容易感冒。

（2）每天应将口罩进行清洗消毒。专家表示，除没有特别标明不宜清洗的外，不管哪类口罩，每天都应该进行清洗消毒。清洗口罩时，应先将口罩放入开水烫几分钟，清洗干净后再拿到阳光下晾晒，这样才能起到杀菌消毒作用。

（3）外观漂亮的个性化口罩应谨慎使用。近年来流行个性化口罩，专家对此表示，尽管此类口罩外观漂亮，但里外面料很有可能含化纤成分，不具备口罩应有的过滤、阻隔微粒、微生物等的功能。

56 雾霾天气家长应采取哪些措施保护儿童?

(1) 尽量减少外出。虽然戴口罩可以防止一些灰尘进入鼻腔,能起到一定的保护作用。但对于 $PM_{2.5}$,即使是专业的医用口罩,也不能百分之百阻挡颗粒物进入体内。所以,避免儿童损害的最直接方法就是减少外出。有晨练习惯的儿童,在雾霾天气应停止晨练。

(2) 少开窗通风。应当选择中午阳光较充足、污染物较少的时候开窗换气,但时间不宜过长,最好等太阳出来后再开窗通风。另外,还可以在自家阳台、露台、室内多种绿色植物,如绿萝、万年青、虎皮兰等绿色宽叶类植物,以净化室内空气。也可以使用空气净化器净化室内空气。

(3) 戴口罩。小学生早晚外出,可以戴棉布或 N95 口罩以降低污染物的吸入。告诉孩子走路时尽量远离马路,因为上下班高峰期和晚上大型汽车进入市区这些时间段,污染物浓度最高。最好不要让儿童太早出门。清晨时雾霾相对比较重,随着太阳的升起,雾霾会有所缓解。告诉孩子不要做过于剧烈的运动,避免急促呼吸时将更多污染物吸入肺中。

(4) 清淡饮食,规律作息。多吃新鲜蔬菜和水果,可以补充各种维生素和矿物质;多饮水,多吃豆腐、牛奶等食品,少吃刺激性食物;可以多吃滋阴润肺的梨、百合、枇杷、菱角等。另外,还要规律作息,避免过度劳累。

57 雾霾天气外出有哪些注意事项?

(1) 冬季出门注意保暖,戴能防雾霾的口罩。

(2) 尽量远离马路。要是你因为上下班而不得不走在马路边上,那么尽量少说话,或者戴口罩。

(3) 尽量减少去人多的地方,这些地方一般空气流通性差,易造成呼吸系统疾病交叉感染。

(4) 雾霾天气外出归来应及时清洗脸部及裸露皮肤,也可用清水冲洗鼻腔。

58 雾霾天气如何健身?

雾霾天气要停止晨练,可以改在太阳出来后再锻练。从太阳出来的时间推算,冬天室外锻炼比较好的时间段是上午 9 时。也可以改为室内锻炼,可在室内做柔韧性锻炼,如普拉提、瑜伽等。

雾霾天气要尽量避免户外较为激烈的运动方式,如跑步、骑车、登山、跳舞等。

59 在雾霾天气下如何护理皮肤?

(1) 用隔离霜：出行前涂上隔离霜，而且到中午休息的时候洗掉，再次涂抹新的隔离霜。这样既可以减轻肌肤的负担，又可以有效地防止颗粒物被肌肤吸收。

(2) 多做清洁：因为肌肤表面的毛孔本身就是比较小的护肤窗口，但是由于雾霾的颗粒以及二氧化硫、二氧化氮等物质紧贴肌肤，这会让肌肤发生反应生成异物质，还可能让肌肤从深处受到损害。所以一定要多做清洁，且每次清洁之后一定要重新涂一层隔离霜进行隔离。

(3) 补水抗霾：只有做好补水，肌肤表面的皮脂膜才能高效率地抵制对肌肤的各种伤害。所以，每天最后一次清洁之后应用补水霜补足皮肤水分很重要。

60 雾霾天气里如何保护头发?

雾霾天气里头发及头皮的保护亦不可忽略。雾霾成分复杂，悬浮颗粒物很容易黏在头皮上，通过毛囊孔进入人体，破坏头皮及身体健康，严重者导致头发脱落。但此时又不宜采用高分子化学成分的洗发水清洁。洗发水的化学残留与雾霾中的某些物质可能会发生化学反应，有加倍损伤的可能。因此，有效的办法是采用无化学伤害的天然植物护发、洗发。

护理头发时的注意事项包括：

(1) 洗发时，要一边洗一边按摩。

(2) 每次洗 15 分钟左右，所有头发和头皮都要清洗到。

(3) 洗完头后，给头发上点橄榄油滋润一下。

(4) 洗完头不要急着出门，要等待头发全干了再出门。

(5) 出行在雾霾天气里，可戴上一顶大帽子，把头发都盘在帽子里。

61 雾霾天如何饮食保健?

(1) 食用富含维生素和矿物质的食物。深色的蔬菜(特别是深绿色的叶菜类)富含维生素和矿物质，可比日常饮食安排得更为丰富些。这些蔬菜里含有的植物活性物质、叶绿素具有良好的抗氧化作用。同时有些蔬菜含有大量的粗纤维，可以促进肠胃蠕动，利于排毒。

(2) 多食水果、木耳、海带、银耳等。这些食物富含多糖类物质，能促进排便，还能与一些重金属络合帮助其排出体外，是人体解毒的一大好帮手。

(3) 多食粗粮、薯类。这类食物是粗纤维的良好来源。用这类食物代替部分主食，不仅能获得充足的糖类(碳水化合物)，还能获得多出精致米面几倍的维生素、矿物质和膳食纤维。

(4) 注意补充钙、维生素 D 等有益于心血管的元素和物质，可以通过服用营养补充剂或食用含这些元素和物质较丰富的豆腐、牛奶、梨、黄鱼(及其他海鱼)、动物肝脏、蛋黄、瘦肉、乳酪、坚果等,这些食物中富含维生素D,对补钙很有利。

62 雾霾天吃猪血管用吗?

猪血性平味咸,可以疗补治病。明代大药物学家李时珍在《本草纲目》中说,猪血有生血之功。在我国民间,猪血常用于食疗,以血补血,是防治缺铁性贫血的佳品。

据分析,每100 g的猪血中含蛋白质18 g,约为猪肉的2倍。其赖氨酸含量相当于肉、蛋、奶的2倍;脂肪少,铁质较多,还有一定量的卵磷脂,这些均易为人体吸收和利用。因此,常食猪血,对老年人、妇女和儿童以及记忆力减退者非常有利。猪血,还是高血脂患者良好的蛋白质来源和最理想的食品。但是,猪血中同时含有猪机体的新陈代谢废物,大量食用也会给人体带来负担,过量食用,还会影响其他矿物质的吸收,所以除非特殊需要人群,一周建议食用不超过2次。

猪血中的血浆蛋白被人体内的胃酸分解后,产生一种解毒、清肠物质,后者能与侵入人体肠道内的粉尘、有害金属微粒发生化合反应,使其易于排出体外。所以在日常生活中,对于经常接触各种粉尘、毛屑的人员,特别是每日驾驶汽车的司机,每天吃一些猪血,有清肠除污之益,能帮助排出肠道里的有害物质,对健康十分有益。食用方法有:韭菜猪血汤、韭菜炒猪血、青蒜炒猪血、豆腐猪血羹等。但为防雾霾而吃猪血,其作用则是甚微的,因为雾霾的危害主要是通过吸入经肺起作用的。

目前还没有证据表明猪血能帮助清除肺内雾霾颗粒物。

63 雾霾天气如何做好鼻腔和口腔护理？

进入室内后就要将附着在身体上的灰尘及时清理掉，正确洗脸、漱口、清理鼻腔。

洗脸最好用温水，可以将附着在皮肤上的雾霾颗粒有效清洁干净。漱口的目的是清除附着在口腔内的脏东西。

清理鼻腔的方法为：洗净双手后，捧温水，用鼻子轻轻吸水并迅速擤鼻涕，反复数次。值得注意的是，清理鼻腔时，一定要轻轻吸水，避免呛咳。家长在给儿童清理鼻腔时，可以用干净棉签蘸水反复清洗。

64 心血管疾病患者在雾霾天应注意什么？

雾霾天，心血管疾病患者应加强防护，适当减少户外活动。

出门时最好戴上薄口罩，外出回来后应该立即清洗面部及裸露的肌肤。如果只是在室外很短的时间则不必戴口罩。如果在外时间较长，戴口罩还是有一定的防护效果的。不过对于呼吸系统不好的人和老年人来说，戴口罩也可能有致呼吸困难的副作用，所以建议要适当调整，因人而异。

雾霾来临时，应暂停晨练。早晨一般是雾霾最浓的时候，此时锻炼将吸入大量有害物质，造成咽喉、气管和眼结膜炎症；

由于雾中水汽多，氧气含量相对较小，而心血管疾病患者对氧需求较高，此时若长时间在雾霾中运动，则容易出现头晕、恶心、乏力等症状。

65 慢阻肺患者在雾霾天应注意什么?

慢阻肺为慢性阻塞性肺疾病（COPD）的简称，是一种严重的呼吸系统疾病，包括慢性支气管炎和阻塞性肺气肿。严重时，可引发慢性肺源性心脏病、呼吸衰竭和心力衰竭等，甚至危及患者生命。慢阻肺的发病时间通常在季节交替时。每逢雾霾天气，慢阻肺患者明显增多，所以建议有呼吸系统疾病者雾霾天要避免户外活动，并采用一些防护措施。

66 雾霾时的人体不适可用什么保健食品?

（1）咳嗽：一般性的轻度咳嗽，可先通过饮食来调理。适当进食养阴生津食品，如莲藕大米粥、山药粥、大枣银耳粥，可润燥止咳。如咳嗽超过1周，且发作较为频繁，并伴有咽喉疼痛、声音嘶哑、胸痛等症状，要及时就医，以免延误病情。

（2）喉干痒、痛：如果觉得喉咙干痒或发炎，则要避免辛辣食品，要多饮水，可饮用枸杞菊花茶等，还可适当含服一些具有薄荷成分的润喉片。此外，苦丁茶里加点蜂蜜，先含在嘴里，每次含漱1分钟再咽下去，尽量让茶水接触咽喉，一般5～7天为一疗程。因为苦丁茶有清凉之感，有止痛的效果，蜂蜜也具有解毒止痛的作用。

（3）鼻干：如果仅仅是鼻子干，还未出现鼻子出血的症状，可多食用莲藕、白茅根、柿子等果蔬来润燥；也可涂抹少许鱼肝油。还可用自我按摩法：两手合掌并上下搓擦，等手掌双侧鱼际部肌发热后再揉搓两侧鼻旁（迎香穴），早晚各一次，每次 50 下，以促进血液循环，改善不适症状。

（4）眼干：受污染的空气会刺激眼睛，甚至可引起结膜炎、角膜炎。眼睛干涩时，多饮明目养生茶，多吃柑橘类水果、绿色蔬菜、谷类、鱼和鸡蛋，切忌用手揉搓眼睛。可饮枸杞菊花茶：枸杞 10 g、杭菊花 10 g，用沸水冲泡，当茶饮用。菊花具有散风热、平肝明目的功效，而枸杞也有利于缓解眼睛干涩，故常饮此茶，可缓解眼部不适。

67 哪些药膳可减轻雾霾对人体的损害？

（1）清咽利肺——罗汉果茶：将罗汉果洗净去壳、掰碎放入茶壶中，用沸水冲泡后，焖 5～10 分钟饮用。罗汉果是清咽利肺、止咳化痰的首选。清晨的雾气最浓，人在上午吸入的灰尘杂质较多，午后喝些罗汉果茶更能及时清肺。

（2）润肺养肺——雪梨炖百合：百合浸泡 30 分钟，于开水锅中煮 3 分钟后捞出沥干；雪梨挖去梨心，洗净切块；把雪梨块、百合放入砂锅中，加适量水，用小火煲 20 分钟，加入冰糖，至冰糖融化后即可。

（3）排毒润肠——韭菜滚猪血汤：猪血洗净切块，韭菜洗净切段，生姜去皮后切大块，并用刀背拍裂。在锅中加入清水、姜，大火煮沸后，加入猪血、韭菜，适量食盐、麻油及少许胡椒粉，待煮沸后即可。猪血中的蛋白质经胃酸分解后，可产生一种有消毒及润肠作用的物质，这种物质能与进入人体的粉尘和有害金属微粒起生化反应，然后通过排泄，将这些有害物质带出体外。所以，猪血亦被称为人体污物的"清道夫"。

68 雾霾是否会加重室内空气污染?

雾霾会加重室内空气污染。首先，雾霾天气时人们会少开窗或不开窗，减少了室内空气的流动和更新，导致室内空气污染物浓度的升高。其次，雾霾天气一般发生在冬季，而冬季恰是室内取暖的季节，如果用煤炉取暖，煤炭在不完全燃烧过程中会产生大量的一氧化碳。如果一氧化碳浓度急剧升高，则有可能导致一氧化碳中毒，应当引起足够的重视。煤炭在燃烧过程中产生的大量的二氧化硫，同样对人体构成较严重的影响。同时吸烟和烹调也是加重室内污染的主要原因。还有，在雾霾天，如果门窗关闭不严，可导致室外的空气污染物从门窗缝隙进入室内，加重室内的空气污染。

69 如何预防室内空气污染?

室内空气质量与人们的身心健康息息相关。相关调查显示,人类约有六成的疾病与室内空气污染有关。造成室内空气质量下降的根本原因是通风换气不良,以及室内空气污染物超标。美国职业安全与卫生研究所的调查即表明,影响室内空气质量的因素很多,通风不良占到48%,室内空气污染占到18%,建筑物构件占 3.5%。

要营造一个好的室内环境,可从以下 6 个方面入手。

(1) 准备装修居室时,要注意室内装饰材料的环保性。因为室内环境污染有相当一部分是由于装修过程中所使用的材料不当造成的,如劣质的纤维板、胶合板、油漆、涂料、胶粘剂以及家具、地毯等会释放出大量的有机气体污染物,包括甲醛、苯、二甲苯等挥发性有机物气体,其中甲醛是最有代表性的有毒气体之一。甲醛是具有强烈刺激性气味的气体,能引起头痛、失眠、咳嗽、流泪,并具有致癌作用。因此,在装修居室过程中应尽量选用不含甲醛的粘胶,不含苯的涂料,不含甲醛的大芯板、贴面板等,以提高装修后的室内空气质量水平。

(2) 购买新房、家具和装饰新居后,不要急于入住,应该先找室内环境检测部门进行检测,听取专家的意见,选择合适的入住时间。

(3) 选用实用有效的室内空气净化设施。可根据居室、厨房、卫生间不同污染环境选用具有不同功能的空气净化装置,如空气净化器、排油烟机等。

(4) 通风换气是防止室内环境污染最经济的方法。不管住宅里是否有人，在无雾霾天气下，应尽可能地多通风，一方面有利于室内污染物的排出与稀释，另一方面可以使装修材料中的有毒有害气体尽早释放出来。

(5) 保持室内环境有一定的湿度和温度。湿度和温度增高，大多数污染物从装修材料中散发增快。同时，湿度过高有利于细菌等微生物的繁殖。

(6) 使用杀虫剂、熏香剂和除臭剂要适量。这些物质对室内害虫和异味有一定的处理作用，但同时也会对人体产生一些危害。特别是在使用液体消毒剂时，产生的喷雾状颗粒可以吸附大量的有害物质被吸入人体内，其危害比用干式消毒要严重得多。

70 空气净化器适用于什么场所？如何挑选空气净化器？

空气净化器适用于以下场所：①刚刚装修或翻新的居所；②有老人、儿童、孕妇、新生儿的居所；③有哮喘、过敏性鼻炎及花粉过敏症人员的居所；④饲养宠物及牲畜的居所；⑤较封闭或受到二手烟影响的居所；⑥酒店、公众场所；⑦享受高品质生活人群的居所；⑧医院的诊疗场所。

空气净化器性能的好坏，主要由洁净空气输出比率来决定。洁净空气输出比率越大，净化器的净化效率就越高。

空气净化器有两个必要的硬性指标：①必须保证室内空气达到一定的换气次数(国际是每小时 5 次)，即要求空气净化器内置的风机有一定的风量；②空气净化器的一次净化效率必须要高。

如果室内有污染物持续产生的话，这两个硬性指标达标的空气净化器可以使室内污染物保持在较低的浓度。

71 空气净化器的适用人群有哪些?

空气净化器适用于以下人群：

(1) 孕妇：孕妇在空气污染严重的室内会感到全身不适，可出现头晕、出汗、咽喉干、舌燥、胸闷、恶心等症状，对胎儿的发育会产生不良的影响。有研究表明，居住于空气污染严重居所的孕妇所生小孩比呼吸清新空气孕妇所生孩子患心脏疾病的风险要高 3 倍。

(2) 儿童：儿童身体正在发育中，免疫系统比较脆弱，容易受到室内空气污染的危害，导致免疫力下降、身体发育迟缓，诱发血液性疾病，增加儿童哮喘病的发病率，使儿童的智力大大降低。

(3) 办公室一族：在高档写字楼恒温密闭的办公室里，通风效果差，空气质量不好，容易导致头晕、胸闷、乏力、情绪起伏大等不适症状，影响工作效率，引发各种疾病。

(4) 老人：老年人身体功能下降，往往有多种慢性疾病缠身。空气污染不仅可引起老年人气管炎、咽喉炎、肺炎等呼吸系统疾病，还会诱发高血压、心脏病、脑卒中等心脑血管疾病。

（5）呼吸道疾病患者：在污染的空气中长期生活会引起呼吸功能下降，呼吸道症状加重，尤其是鼻炎、慢性支气管炎、支气管哮喘、肺气肿等疾病患者。呼吸纯净空气有辅助的治疗效果。

（6）司机：有人研究发现，许多汽车内饰品的甲醛等污染物超标，使车内空气污染严重，长时间驾驶汽车的司机应该增加呼吸新鲜空气。

雾霾防范共担责

72 什么是 API?

API 是空气污染指数(air pollution index)的英文缩写，是根据空气环境质量标准和各项污染物的生态环境效应及其对人体健康的影响，来确定污染指数的分级数值及相应的污染物浓度限值。

API 是为了方便公众对污染情况有个直观的认识，根据污染物的浓度计算出来的。一般而言，监控部门会监测数种污染物，分别计算其指数，并选取其中指数最大者为最终的 API。可见，选取哪些污染物纳入监测，对最后的 API 值至关重要。在我国，监测的污染物包括如下几种：可吸入颗粒物(PM_{10})、细颗粒物($PM_{2.5}$)、臭氧、二氧化氮、二氧化硫和一氧化碳。

正因为 PM_{10} 与 $PM_{2.5}$ 对人类健康影响不容小觑，2005 年，世界卫生组织(WHO)首次在空气质量准则中为可吸入颗粒物(PM)确定了一项指导值(表 5)。

表 5　世界卫生组织对空气质量的指导值

	年平均浓度(μg/m³)		死亡风险增加(较准则值)
	PM_{10}	$PM_{2.5}$	
准则值	20	10	0%
过渡时期目标 3	30	15	~3%
过渡时期目标 2	50	25	~9%
过渡时期目标 1	60	35	~15%

73 什么是 AQI?

AQI 是空气质量指数(air quality index)的英文缩写,是报告每日空气质量的参数,用以描述空气清洁或者污染的程度,以及对健康的影响。AQI 的重点是评估呼吸几小时或者几天污染空气对健康的影响。

2012 年国家环境保护部发布了《环境空气质量标准》(GB 3095—2012)和《环境空气质量指数(AQI)技术规定(试行)》(HJ 633—2012)。《环境空气质量标准》规定了检测 6 项基本项目:二氧化硫、二氧化氮、可吸入颗粒物(PM_{10})、细颗粒物($PM_{2.5}$)、一氧化碳和臭氧。因这 6 项指数较为复杂,规定用一个指标来综合统一反映空气的质量,即 AQI。

AQI 没有单位,只有一个数字,范围从 0 到 500。指数越低,空气质量越好;指数越高,空气污染程度越高。其中 100 对于二级标准浓度限值。对于一般地区(二类)来说,AQI 小于等于 100 就是达标,超过 100 即超标。

74 如何看懂空气质量报告?

为了更加明确空气质量指数(AQI)的含义,《环境空气质量指数(AQI)技术规定(试行)》(HJ 633—2012)将 AQI 分成 6 个区间,表示 6 个等级(表 6),发布时用不同颜色显示:绿色代表空气质量优，黄色代表良好，橙色代表轻度污染，红色代表中度污染，紫色代表重度污染，褐红色代表严重污染。

AQI的发布形式有两种："日报"和"实时报"。日报每日发布一次，实时报则每小时发布一次。

表6　空气质量报告内容与人体健康状态的关系

空气质量指数（AQI）	空气质量指数级别与空气污染程度	对健康影响情况	建议采取的措施
0～50	一级（优）	空气质量令人满意，基本无空气污染	各类人群可正常活动
51～100	二级（良）	空气质量可接受，但某些污染物可能对极少数异常敏感人群健康有较弱影响	极少数异常敏感人群应减少户外活动
101～150	三级（轻度污染）	易感人群症状有轻度加剧，健康人群出现刺激症状	儿童、老年人及心脏病、呼吸系统疾病患者应减少长时间、高强度的户外锻炼
151～200	四级（中度污染）	进一步加剧易感人群症状，可能对健康人群心脏、呼吸系统有影响	儿童、老年人及心脏病、呼吸系统疾病患者避免长时间、高强度的户外锻炼；一般人群适量减少户外运动
201～300	五级（重度污染）	心脏病和肺病患者症状显著加剧，运动耐受力降低；健康人群普遍出现症状	儿童、老年人及心脏病、肺病患者应停留在室内，停止户外运动；一般人群减少户外运动
301～	六级（严重污染）	健康人群运动耐受力降低，有明显强烈症状，提前出现某些疾病	儿童、老年人和病人应停留在室内，避免体力消耗；一般人群避免户外活动

75 我国对环境空气功能区是如何分类的?

2012 年我国根据《中华人民共和国环境保护法》和《中华人民共和国大气污染防治法》制定了新的《环境空气质量标准》(GB3095—2012)。这个标准规定了环境空气质量功能区分类、质量要求、主要污染物项目和这些污染物在各类功能区的浓度限值等,是评价空气质量好坏的科学依据。

一类区:为自然保护区、风景名胜区和其他需要特殊保护的地区。

二类区:为居住区、商业交通居民混合区、文化区、工业区和农村地区。

76 世界卫生组织与部分国家 $PM_{2.5}$ 空气质量标准限值是多少?

自从美国于 1997 年率先制定 $PM_{2.5}$ 的空气质量标准以来,许多国家都陆续跟进,并将 $PM_{2.5}$ 纳入监测指标。如果单纯从保护人类健康的目的出发,各国的标准理应一样,因为制定标准所依据的是相同的科学研究结果。然而,标准的制定还需考虑各国的污染现状和经济发展水平,所以在一个空气污染严重的发展中国家制定极为严格的空气质量标准只能成为一个华丽的摆设,没有实际意义。表 7 列举了世界卫生组织(WHO)

以及几个有代表性国家的标准。中国拟实施的标准与 WHO 过渡期目标 1 相同。美国和日本的标准一样，与 WHO 的目标 3 基本一致。欧盟的标准略微宽松，与 WHO 的目标 2 一致。澳大利亚的标准最为严格，年均标准比 WHO 的准则值还低。标准的宽严程度基本反映了各国的空气质量情况，空气质量越好的国家就越有能力制定和实施更为严格的标准。

表 7　WHO 与部分国家的 $PM_{2.5}$ 空气质量标准

国家/组织	年平均值（$\mu g/m^3$）	24 小时平均值（$\mu g/m^3$）	备　注
WHO 准则值	10	25	2005 年发布
过渡期目标 3	15	37.5	
过渡期目标 2	25	50	
过渡期目标 1	35	75	
澳大利亚	8	25	2003 年发布，非强制性
美国	15	35	2006 年 12 月 17 日生效，比 1997 年发布的更严格
日本	15	35	2009 年 9 月 9 日发布
欧盟	25	无	2010 年 1 月 1 日发布目标值，2015 年 1 月 1 日强制生效
中国	35	75	拟于 2016 年实施（征求意见中）

77 为什么我国近年来增加了 $PM_{2.5}$ 的监测?

世界卫生组织 2005 年最新出版的《空气质量准则》,尤其是对大气中可吸入颗粒物的浓度限值制定了严格的标准,规定 $PM_{2.5}$ 年平均浓度限值为 10 $\mu g/m^3$,24 小时平均浓度为 25 $\mu g/m^3$。

事实上在中国大部分地区,特别是工业集中的华北地区,$PM_{2.5}$ 占到了整个空气悬浮颗粒物质量的大半。然而,中国之前的空气污染指数(API)却没有把 $PM_{2.5}$ 纳入监测之列。2012 年 2 月 29 日,国家环境保护部和国家质量监督检验检疫总局联合发布了新的《环境空气质量标准》(GB 3095—2012)。新标准增加了细颗粒物($PM_{2.5}$)和臭氧(O_3)8 小时浓度限值监测指标。这是中国首次将 $PM_{2.5}$ 纳入空气质量标准。

78 $PM_{2.5}$ 有哪些快速检测方法和设备?

快速检测 $PM_{2.5}$ 的设备,主要通过 3 种原理方法进行,即光散射、β 射线和微重量天平原理。

(1) 微重量天平的仪器,现基本被少数美国公司垄断,价格高,维护费高。

(2) β 射线的仪器,除了进口厂家外,国产的有天虹、先河等几个国内公司。

(3) 光散射法的仪器,国外、国内厂家较多。又分普通光散射法和激光光散射法。因为激光光散射法仪器的重复性、稳定性好,在欧美日已经全面取代普通光散射法。但国内的激光法仪器质量差别较大,应注意选择质量有保障的厂家。

79 《京都议定书》的主要内容是什么?我国何时签署核准该议定书的?

为了人类免受气候变暖的威胁,1997 年 12 月,在日本京都召开的"联合国气候变化框架公约"缔约方第三次会议,通过了旨在限制发达国家温室气体排放量,以抑制全球变暖的《京都议定书》。《京都议定书》规定,到 2010 年,所有发达国家二氧化碳等 6 种温室气体的排放量,要比 1990 年减少 5.2%。具体说,各发达国家从 2008 年到 2012 年必须完成的削减目标是:与 1990 年相比,欧盟削减 8%,美国削减 7%,日本削减 6%,加拿大削减 6%,东欧各国削减 5%~8%,新西兰、俄罗斯和乌克兰可将排放量稳定在 1990 年水平。议定书同时允许爱尔兰、澳大利亚和挪威的排放量比 1990 年分别增加 10%、8%和 1%。

《京都议定书》需要在占全球温室气体排放量 55%以上的至少 55 个国家批准,才能成为具有法律约束力的国际公约。中国于 1998 年 5 月签署,并于 2002 年 8 月核准了该议定书。

80 《京都议定书》允许采取什么措施以完成温室气体减排目标?

为了促进各国完成温室气体减排目标,《京都议定书》允许采取以下4种措施:

(1)两个发达国家之间可以进行排放额度买卖的"碳排放权交易",即难以完成削减任务的国家,可以花钱从超额完成任务的国家买进超出的额度。

(2)以"净排放量"计算温室气体排放量,即从本国实际排放量中扣除森林所吸收的二氧化碳的数量。

(3)可以采用绿色开发机制,促使发达国家和发展中国家共同减排温室气体。

(4)可以采用"集团方式",即欧盟内部的许多国家可视为一个整体,采取有的国家削减、有的国家增加的方法,在总体上完成减排任务。

81 什么是碳交易,其对减少大气污染有何意义?

碳交易是为促进全球温室气体减排、减少全球二氧化碳排放所采用的市场机制。《京都议定书》把市场机制作为解决以二氧化碳为代表的温室气体减排问题的新路径,即把二氧化碳排放权作为一种商品，从而形成了二氧化碳排放权的交易，简称碳交易。

其意义在于：①履行企业的社会责任；②通过参与碳交易，有效管理企业的碳资产，并使其创造价值。

在企业碳管理的过程中，有效挖掘出节能的潜力，这本身就是为企业省钱，同时又能通过碳交易产生巨大的环境效益。

82 我国政府实施新标准的进程是如何安排的？

对实施新的《环境空气质量标准》(GB 3095—2012)，国家给出了逐步推行的办法：

2012 年，京津冀、长三角、珠三角等重点区域以及直辖市和省会城市率先实施。

2013 年，在 113 个环境保护重点城市和国家环保模范城市实施。

2015 年，在所有地级以上城市实施。

2016 年 1 月 1 日起，在全国推广实施新标准。

83 我国大气污染综合治理的措施有哪些？

2011 年 1 月 1 日开始，国家环境保护部发布的《环境空气 PM_{10} 和 $PM_{2.5}$ 的测定重量法》开始实施。首次对 $PM_{2.5}$ 的测定进行了规范。

2012 年 5 月 24 日环保部公布了《空气质量新标准第一阶段监测实施方案》，要求全国 74 个城市在 10 月底前完成$PM_{2.5}$“国控点”监测的试运行。

2012 年新的《环境空气质量标准》颁布后，环保部明确提出了新标准实施的“三步走”目标。按照计划，2012 年年底前，京津冀、长三角、珠三角等重点区域以及直辖市、计划单列市和省会城市要按新标准开展监测并发布数据。截至目前，全国已有 195 个站点完成 $PM_{2.5}$ 仪器安装调试并试运行，有 138 个站点开始正式 $PM_{2.5}$ 监测并发布数据。2013 年以来，我国实施了新的空气质量标准，增设了人们普遍关心的 $PM_{2.5}$ 平均浓度限值等指标。

“联防联控”是我国目前治理大气污染的主要措施。由国务院牵头，共同指导和领导联防联控工作，主要集中在 4 个关键问题：一是减碳，二是控车，三是降尘，四是调整工业结构。

84 我国现阶段治理大气污染的重点领域是什么？

为贯彻《中华人民共和国环境保护法》，防治环境污染，保障生态安全和人体健康，促进技术进步，国家环境保护部发布了《水泥工业污染防治技术政策》《钢铁工业污染防治技术政策》《硫酸工业污染防治技术政策》和《挥发性有机物（VOCs）污染防治技术政策》等四项指导性文件。表明我国将强力治理大气污染，重点领域是工业，包括火电、钢铁、水泥、石油、化工等重工业。这些行业消耗大量的化石能源，释放了大量的二氧化硫、氮氧化物和粉尘，是整治的重点。此举将倒逼产业结构调整，同时加快经济转型。

环境保护部即将出台的《大气污染防治计划》和实施细则，包括从宏观层面把 $PM_{2.5}$ 控制作为经济社会发展的约束性指标；微观层面计划在一定期限内，重化工行业主要企业必须全部安装烟气脱硫、脱硝、除尘装置。

85 为什么大气污染治理要采取区域联防联治？

从总体看，我国的大气污染从煤烟型向复合型转变。由于大气污染流动性、区域性的特征，单靠某一省市进行污染防治，已无法达到改善空气环境质量的目的，所以加强区域联防联控十分必要。由于区域工业结构布局不合理，污染排放过于集中，一旦遭遇不利于大气扩散的气象条件，重污染天气就难以避免。因此，只有采取区域联防联治，才能减少整个区域的污染物排放量，从而改善整个区域的环境质量。

86 我国限制高污染企业空气污染物排放的新举措有哪些?

我国将出台一系列政策措施,加大对高能耗、高污染、资源型行业的布局和产品结构调控的力度,严格市场准入,鼓励企业自主创新。国家即将出台差别水价、差别排污费等政策,以抑制资源消耗和环境污染,加快落后企业退出市场。国家还将完善行政措施,出台金融、土地、建设、环保等配套政策,继续执行出口税收调控政策,抑制"两高一资"(高污染、高能耗、资源型)企业产品出口,提高此类企业市场准入门槛,相关产业政策向先进企业倾斜。

87 个人或组织能起诉涉污企业并获得赔偿吗?

2013年1月1日实施的《中华人民共和国民事诉讼法》规定:对污染环境、侵害众多消费者合法权益等损害社会公共利益的行为,法律规定的机关和有关组织可以向人民法院提起诉讼。

国家环境保护部与保监会2013年1月21日联合发布的《关于开展环境污染强制责任保险试点工作的指导意见》明确规定:涉污企业将被强制投保;依法支持污染受害人和有关社会团体对污染企业提起环境污染损害赔偿诉讼。

88 什么是脱硫除尘？有何意义？

脱硫除尘，指的是将锅炉燃烧后的烟气，通过设备除去其中的烟尘颗粒和二氧化硫气体，防止直接将有害成分排入大气。通常电厂采用布袋除尘器或者电除尘器除去烟尘；通过专门的脱硫设备除去烟气中的二氧化硫气体，以减轻雾霾的程度。

89 常用的脱硝技术有哪些？

为防止锅炉内煤燃烧后产生过多的氮氧化物（NO_x）污染环境，应对煤进行脱硝处理。处理方法：一类是从源头上治理，控制煅烧中生成氮氧化物。技术措施有：①采用低氮燃烧器；②分解炉和管道内的分段燃烧，控制燃烧温度；③改变配料方案，采用矿化剂，降低熟料烧成温度。

另一类是从末端治理，控制烟气中排放的氮氧化物。技术措施有：①分级燃烧＋非催化还原法（SNCR），国内已有试点；②选择性非催化还原法，国内已有试点；③选择性催化还原法（SCR），欧洲只有三条线试验；④SNCR/SCR 联合脱硝技术，国内水泥脱硝还没有成功经验；⑤生物脱硝技术（正处于研发阶段）。

总之，国内开展水泥脱硝尚属探索示范阶段，还未进行科学总结。各种设计工艺技术路线和装备设施是否科学合理、运行是否可靠，尚未得到科学论证。

90 如何通过转变生产方式来减少大气污染物的排放？

在各项致污源中，企业的排污排在首位；数百万辆机动车的排污亦不可小觑。空气污染治理，政府监管力与动员力，则是改变这一切的关键变量。如果企业只要效益不要洁净的空气与水，严治甚至取缔就是最好的治理方式。严格限制那些高能耗、高污染、低效率的企业投入，从根本上推动城市发展模式转变，从源头上减少污染排放，则城市会让生活更美好。

治理大气污染，除了企业减排、治理尾气等措施，根本之法是彻底转变经济发展方式，走科学发展、生态发展之路。可是，转变发展方式是一项庞杂的社会工程，不可能一蹴而就，必将是一个长期而艰难的过程。

91 如何改变我们的生活方式来减少大气污染物的排放？

相较经济发展方式的转变，个人生活方式的转变要容易得多。

不要小看个人生活方式转变对治理大气污染的作用。积沙成塔，滴水石穿。如果每个人都能做到循环用水、节约用电、节约纸张、低碳出行，真正践行低碳环保、绿色清洁的生活，最终都能转化为对环境的保护。就说骑自行车出行，如果每个人都能以实际行动积极响应，少开车，多骑车，日积月累，就能对空气质量改善起到实效。

我们同呼吸、共命运，治理大气污染，转变发展方式是必由之路，转变生活方式同样迫在眉睫。

92 为什么要发展新能源汽车？

相对于燃烧汽油、柴油的汽车来说，燃气汽车、蓄电池汽车和太阳能汽车的污染物排放量很小，甚至能够实现零排放，这能在很大程度上减轻城市空气污染日益严重的趋势，改善城市的生活环境。

（1）发展新能源汽车是国民经济可持续发展的需要：我国用于汽车能源的石油资源是有限的，在几十年后必然会出现枯竭，要大量依赖从国外进口石油。节制使用石油资源，发展新能源汽车将会促进我国能源结构的调整，有利于国民经济的可持续发展。

（2）发展新能源汽车是控制城市污染的需要：燃油汽车的尾气排放已给环境带来了破坏，世界各国都已认识到这一点，并纷纷制定了相关严格的汽车排放标准，以求减少对环境的污染。因此，寻求无污染或低污染的"绿色汽车"成为各国的基本国策，也是人类可持续发展的需要。

93 燃油汽车改为燃气汽车，减少了哪些空气污染物的排放？

汽车尾气的排放，是造成环境空气污染的重要因素之一。我国政府积极倡导使用清洁能源和替代能源，以降低污染物的排放。燃气汽车就是其中之一。汽车燃气主要成分是丙烷和丁烷，燃烧后产生二氧化碳和水，燃烧充分更有利于降低汽车发动机排放有毒、有害废气，使汽车排放的尾气中不再含有苯、铅等可致癌性有害物质，硫含量也少了许多。相比较而言，虽然不是最理想的减排方式，但是油改气可以减少二氧化硫、含铅化合物、苯并(a)芘等致癌和有害物质的排放。

94 为什么要实行汽车限购和限号行驶政策？

据国际能源机构（IEA）估计，全球汽车二氧化碳总排放量将从1990年的29亿吨增加到2020年的60亿吨。汽车对地球环境造成了巨大影响。

为解决城市交通拥堵问题，我国部分城市出台了限购汽车政策。2010年12月23日，北京正式公布《北京市小客车数量调控暂行规定》，成为国内首个发布汽车限购令的城市。2012年6月30日，广州市宣布对中小型客车进行配额管理。

一系列政府的“强力措施”，一方面为了缓解交通拥堵问题，另一方面也是为了减少空气污染，阻止雾霾的产生，反映出政府对节能减排和治理环境污染的决心。

95 为何要加快淘汰黄标车？

随着世界能源危机和环保问题日益突出，汽车工业面临着严峻的挑战。一方面，石油资源短缺，而汽车是油耗大户。节节攀升的汽车保有量加剧了这一矛盾。且目前内燃机的热效率较低，燃料燃烧产生的热能只有35%～40%用于实际汽车行驶。另一方面，汽车的大量使用加剧了环境污染。城市大气中一氧化碳的82%、氮氧化物的48%、碳氢化物的58%和微粒的8%都来自汽车尾气。

黄标车是高污染排放车辆的简称，是指连国Ⅰ排放标准都未达到的汽油车，或排放达不到国Ⅲ排放标准的柴油车。因其贴的是黄色环保标志，因此称为黄标车。由于黄标车污染物排放量大、排放浓度高、排放的稳定性差，并且能耗高，是造成空气污染的罪魁祸首之一。因此，要加快其淘汰步伐。

96 我国汽车尾气排放标准是什么标准？

为了抑制有害气体的产生，促使汽车生产厂家改进产品以降低有害气体的产生源头，欧洲和美国都制定了相关的汽车排放标准。其中欧洲标准是我国借鉴的汽车排放标准，目前国产新车都会标明发动机废气排放达到的欧洲标准。

我国现行标准是欧Ⅳ标准，是于 2013 年 9 月 1 日开始实施的。从 2014 年 7 月 1 日开始，全国将实施国Ⅳ标准。

97 欧美国家空气污染治理的措施与经验是什么？

（1）德国：百个空气清洁计划在行动。40 多年前，穿过德国鲁尔工业区的莱茵河曾泛着恶臭，两岸森林遭受酸雨之害。而今天，包括莱茵河流域在内的德国大部分地区已实现了青山绿水、空气清新。在此转变过程中，德国的 100 个“空气清洁与行动计划”功不可没。

德国大部分地区的空气如今已十分洁净，不过也有个别城市或地区可吸入颗粒物浓度超出欧盟标准。一旦某地区超标，当地州政府需与市、区政府合作，根据当地具体情况出台一系列应对措施。一是限制释放颗粒物的行为。例如，车辆限行、限速，工业设备限制运转等。许多地区选择设立“环保区域”，只允许符合环保标准的车辆驶入。二是用技术手段减少排放，例如安装颗粒过滤装置。三是呼吁民众节能减排，多搭乘公共交通工具、骑车或步行；购买私家车尽量选择排量小、污染少的车辆；在家不要乱烧树叶和木头；选择节能减排的采暖方式，如用天然气集中供暖；使用节能家电和可再生能源。

（2）法国：应急和长期措施双管齐下。法国的蓝天白云常令不少中国游客欣羡不已。但法国卫生监测所发布的公报显示，2004—2006年，巴黎、马赛和里昂等9个法国城市空气中$PM_{2.5}$年平均浓度均超出了世界卫生组织建议标准的上限。为改善空气质量，法国采取应急和长期措施双管齐下的办法防治空气污染。

法国空气质量监测协会负责监测空气污染物浓度以及向公众提供空气质量信息。根据空气质量监测协会提供的数据，法国环境与能源管理局每天会在网站上发布当日与次日空气质量指数图，并就如何改善空气质量提出建议。呼吁儿童、老人以及呼吸系统疾病患者避免一切激烈的户外活动和体育运动。此外，政府还呼吁公众调节生活方式，减少会导致臭氧浓度增加的污染物排放，如降低汽车行驶速度等。

除应急措施外，法国还制定了长期措施，规定了$PM_{2.5}$和PM_{10}的浓度上限。此外，法国政府还实施了一系列旨在减少空气污染的方案，如减排方案、颗粒物方案、碳排放交易体系、地方空气质量方案和大气保护方案等。

(3) 美国：提高空气质量从我做起。空气污染是现代社会面临的一个主要问题。针对空气污染，美国不仅及时发布公众易懂的信息，还向公众提供在空气污染的日子如何自我保护和平时如何从我做起提高空气质量的小贴士。

根据可吸入颗粒物水平，美国环保署将各地的空气质量分为3类：未达标、达标或虽然数据不足但可被认为达标。如果某个区域被列为未达标，所在的州和地方政府需要在3年内制定执行计划，列出该地如何减少导致可吸入颗粒物聚集的污染物排放，以达到并保持环保署列出的空气质量标准。

98 中国大气污染治理存在的突出问题是什么？

(1) 忽视大气长效质量管理机制，过于专注于控制一次污染物减排数量。首先是总量控制难以兼顾质量管理，其次是忽视大气污染物协同减排措施。

(2) 大气污染相关排放评价体系亟待完善，空气环境标准亟待提高。

(3) 大气污染治理法规不健全，执法及监管力度不够；大气污染防治法规亟待完善。尽管中国大气污染防治法规建设取得了很大进展，但相关的大气污染防治（包括颗粒物污染防治）法律法规不完备。

(4) 环境管理属地模式不利于管理效率提高,部分减排政策亟待完善。

(5) 环境空气质量监测能力亟待提高,环境空气信息公开亟待改进。现有大气环境监测、统计基础薄弱。环境空气质量监测指标不全,大多数城市没有开展臭氧、细颗粒物等大气污染物的监测,无法全面反映当前大气污染状况。

99 我国完善大气污染治理的具体措施有哪些?

具体措施主要包括:

(1) 建立并完善大气监测体系,实施大气污染治理责任体制。建立并完善大气质量检测网络,全面开展对大气细微颗粒物的检测工作。建立卫星遥感监测体系,形成一个完整的立体检测体系,为大气污染治理提供第一手的资料。强化公众监督,这将有利于提高 $PM_{2.5}$ 颗粒检测网络的整体监测效果。

(2) 推进绿色交通,管控机动车污染。首先,努力推行公共交通出行;其次,推进新能源汽车的市场占有份额;最后,对新增机动车污染进行有效控制,严格控制城市机动车总量。

(3) 发展清洁能源,优化能源结构。通过不断增加城市电力、天然气等洁净能源供应量,提高电能负载能力、架设新的燃气管道等措施,对减少城市居民生活产生的 $PM_{2.5}$ 具有重要意义。

(4) 调整产业结构,加强工业污染治理。对工业生产过程中产生污染程度较大的生产工艺、生产设备等进行强制拆除和淘汰。尤其是对钢铁、建材以及陶瓷等高污染产业，应该予以重点调整，减少微小颗粒物的排放量。

（5）强化绿化措施，控制扬尘污染。

100 我国新颁布的环境空气质量标准新增加的指标有哪些？

2012 年 2 月，国务院发布新修订的《环境空气质量标准》（GB 3095—2012）中增加了 $PM_{2.5}$ 监测指标（二级浓度限值：年均值为35 $\mu g/m^3$，日均值为 75 $\mu g/m^3$），臭氧 8 小时平均浓度限值，收紧了颗粒物（PM_{10}）、二氧化氮浓度限值，实现了与国际的“低轨”衔接。

我国新颁布的环境空气质量标准突出了在功能分区（表 8）、污染物浓度限值（表 9）、接轨 WHO 标准、数据有效性规定等方面的优越性，尤其是颗粒物年平均值、24 h 平均值和臭氧 8 h平均值的引入，是我国环境空气质量标准的重大突破。

新标准明显提高了环境空气质量评价工作的科学水平、公众感官和监测评价结果，对推动我国空气质量标准与国际接轨，提升政府公信力及国际形象都有积极意义。此外，新的标准将促进控制局地污染向区域联防联控的转变，从控制一次污染物向控制一次和二次污染物转变，从单独控制个别污染物向多个污染物协同控制转变，从主要控制工业行业污染源到向控制社会经济各领域和环节转变。

表8　我国环境空气功能区分类变更

功能区	GB 3095—2012	GB 3095—1996
一类	自然保护区、风景名胜区和其他需要特殊保护的地区	自然保护区、风景名胜区和其他需要特殊保护的地区
二类	居住区、商业交通居民混合区、文化区、工业区和农村地区	城镇规划中确定的居住区、商业交通居民混合区、文化区、一般工业区和农村地区
三类	无	特定工业区

表9　我国环境空气污染物基本项目浓度限值变更对照表

项目	平均时间	浓度限值				单位	备注
		一级		二级			
		GB 3095—2012	GB 3095—1996	GB 3095—2012	GB 3095—1996		
SO_2	年平均	20	20	60	60	μg/m³	不变
	24 h平均	50	50	150	150		不变
	1 h平均	150	150	500	500		不变
NO_2	年平均	40	40	40	40		不变
	24 h平均	80	80	80	80		不变
	1 h平均	200	120	200	120		放松
CO	24 h平均	4	4	4	4	mg/m³	不变
	1 h平均	10	10	10	10		不变
O_3	日最大8 h平均	100	/	160	/	μg/m³	新增
	1 h平均	160	120	200	160		放松
颗粒物（PM_{10}）	年平均	40	40	70	100		收紧
	24 h平均	50	50	150	150		不变
颗粒物（$PM_{2.5}$）	年平均	15	/	35	/		新增
	24 h	35	/	75	/		新增